先进复合材料
热压罐成型工艺入门

冷卫红　罗大为　编著

化学工业出版社

·北京·

内容简介

复合材料是各类高端装备发展的重要基础，《先进复合材料热压罐成型工艺入门》以先进复合材料的热压罐成型工艺在航空、航天领域的应用为主线，概述了复合材料的特点、主流成型工艺及其他热点成型技术，重点结合编者多年的从业经历，系统梳理了复合材料真空袋-热压罐成型技术的设备、原材料、工艺流程、技术要求和质量控制，同时涉及复合材料生产中必备的复合材料修补、安全生产与劳动保护等。

本书图文并茂，是一本复合材料热压罐成型工艺技术的入门教材和操作指南，可供企业相关人员及材料专业师生参考。

图书在版编目（CIP）数据

先进复合材料热压罐成型工艺入门/冷卫红，罗大为编著.—北京：化学工业出版社，2021.12（2023.8重印）

ISBN 978-7-122-40210-3

Ⅰ.①先… Ⅱ.①冷…②罗… Ⅲ.①复合材料-压力容器-成型加工-教材 Ⅳ.①TB33

中国版本图书馆CIP数据核字（2021）第231750号

责任编辑：王海燕　蔡洪伟
责任校对：杜杏然
装帧设计：关　飞

出版发行：化学工业出版社
（北京市东城区青年湖南街13号　邮政编码100011）
印　　装：北京建宏印刷有限公司
710mm×1000mm　1/16　印张10¼　字数182千字
2023年8月北京第1版第3次印刷

购书咨询：010-64518888　　售后服务：010-64518899
网　　址：http://www.cip.com.cn
凡购买本书，如有缺损质量问题，本社销售中心负责调换。

定　　价：58.00元　

序

先进复合材料，特别是碳纤维复合材料在航空航天装备结构中已得到了广泛应用，近年来鉴于节能减排和“碳达峰”“碳中和”的迫切需求，在轨道交通车辆和汽车领域等其他工业领域也开始得到大量应用。相比传统的玻璃钢应用，作为成本较高的碳纤维复合材料，必须强调“精细化性能测试、精细化设计和精细化制造”，才能充分发挥其性能优势，因此当前高端先进复合材料结构制造主要采用热压罐工艺。进入 21 世纪以来，涌现出了很多先进复合材料生产企业，均配备了各种规格的热压罐设备，需要大量从事热压罐工艺的工艺人员和技术工人。但国内熟悉热压罐工艺的工艺人员和熟练的技术工人奇缺，更没有培训热压罐工艺技术人才的合适教材，本书的出版恰逢其时。

冷卫红研究员长期在成都飞机工业（集团）有限责任公司从事飞机复合材料结构热压罐工艺制造，积累了丰富的实践经验，并多年负责企业热压罐工艺培训，曾获“金牌培训教师”荣誉称号。深圳职业技术学院罗大为副教授多年来也一直从事复合材料研究和职业教育工作。具体的工艺操作诀窍是最宝贵的知识财富，也许只是一层窗户纸，一捅就破，但其获得的过程可能需要长年累月的摸索和积累。近年来冷卫红研究员在深圳职业技术学院担任客座教授期间，与罗大为副教授共同完成了《先进复合材料热压罐成型工艺入门》的编著，与读者共享，难能可贵。

液体成型将是今后高端复合材料结构成型工艺的方向，本书的很多内容同样适用于液体成型工艺，也可以作为入门指南。

沈真

2022 年元月 10 日

（SAMPE 北京分会副主席

原中国飞机强度研究所研究员）

前言

随着高端装备的不断发展，对材料减重、承载、耐候等性能要求越来越高，传统材料越来越难以满足多项要求，复合材料成为各类高端装备发展的重要基础，也正是在此时代背景下，先进复合材料应运而生。先进复合材料具有高比强度和高比模量等优点，尤其具有传统材料所不能比拟的可设计性，为先进复合材料的发展提供了广阔前景。先进复合材料的应用水平已成为衡量一个国家高端装备发展先进性的标准之一。

作为复合材料从业者和教育培训工作者，笔者深刻感觉到，近年来国内复合材料行业出现了前所未有的井喷态势，特别在航空航天、轨道交通、新能源汽车和体育用品等行业，复合材料迎来了巨大的发展机遇。但是，无论是针对高校复合材料技术技能型人才的培养，还是针对复合材料企业技术工人的培训，都迫切需要一本复合材料工艺技术的入门教材和操作指南。因此，本书面向职业院校相关专业学生和复合材料企业生产一线人员，采用图文并茂的形式，介绍先进复合材料的基本知识和应用，重点结合编著 30 多年的从业经历，着重梳理先进复合材料真空袋－热压罐成型技术的设备、原材料、工艺流程、技术要求和质量控制，以期读者能在短时间内高效、准确地掌握操作技能及实操工况。同时，本书还涉及复合材料夹层结构与结构胶接，以及实际生产中的复合材料修补、安全生产与劳动保护。在本书最后简单介绍了最近几年复合材料液体成型技术和热塑性复合材料的工艺技术。

本书由冷卫红和罗大为编著。其中，冷卫红编著第 2、5、6、10、11、12、15 章，罗大为编著第 1、3、8、9、13、14 章。第 4、7 章由冷卫红和罗大为共同编著。全书由冷卫红统一定稿。

限于笔者的水平，书中难免有不当之处，敬请读者批评指正。

编著者

深圳职业技术学院

2021 年 9 月 19 日

目录

1
复合材料概述

1.1 复合材料定义和组分

所谓复合材料，是指由两种或两种以上不同性质和形态的原始材料通过一定的工艺方法构成的多相材料。它既能保留原组分材料的主要特点，又通过复合效应获得原组分材料所不具备的或者更优的性能。

从复合材料的定义来看，可以将不同属性的材料有机融合起来，实现单一材料无法达到的性能，在极大程度上满足了各领域对材料日益增长的高性能需求。复合材料既古老又现代，早在出现人类活动的时代，就有“复合材料”的存在，如谷草、头发丝增强黏土筑造土坯墙、老太太做的“千层底”布鞋（见图 1-1）等，都体现了复合材料的概念。如今，复合材料已极大地推动了社会的发展与进步，应用于各行各业中，如现代建筑中的钢筋混凝土（图 1-1）就是一种广泛使用的复合材料。

图 1-1 “千层底”布鞋和钢筋混凝土示意图

具体来说，复合材料一般指由一种或多种起增强作用的材料与一种起黏结作用的材料组合成的各向异性、多相、不均质材料。复合材料的组分可分为两大类，一类是增强材料，比如土坯墙中的谷草和头发丝，“千层底”的布和线，钢筋混凝土里的钢筋和沙石，增强材料是复合材料载荷的主要承受者，是复合材料刚性的主体；另一类是基体材料，比如土坯墙中的黏土，“千层底”中的浆糊，钢筋混凝土里的水泥，基体是复合材料中黏结增强材料的组分，起连接、支撑和保护增强材料的作用。在复合材料中，由基体把外力均匀地传递给增强材料，所以要求基体对增强材料应具有良好的黏结力和兼容性。

1.2 复合材料分类

复合材料由于其多相性，若按增强相分类（表 1-1）可分为颗粒增强复合材料和纤维增强复合材料，其中纤维增强复合材料为大众所熟知，如碳纤维增强树脂基复合材料、玻璃纤维增强树脂基复合材料等；若按基体材料分类（表 1-2）可分为金属基复合材料和非金属基复合材料，其中树脂基复合材料即属于非金属基复合材料的一类；若按应用性能（表 1-3）可分为结构复合材料和功能复合材料。

表 1-1　复合材料按增强相的分类

增强材料形态	增强材料名称
颗粒增强复合材料	金属颗粒增强复合材料
	陶瓷颗粒增强复合材料
	大理石颗粒增强复合材料
纤维增强复合材料（短纤维和连续纤维）	碳纤维增强树脂基复合材料
	玻璃纤维增强树脂基复合材料
	芳纶纤维增强复合材料
	硼纤维增强复合材料
	陶瓷纤维增强复合材料

表 1-2　复合材料按基体材料的分类

基体材料类型	基体材料名称
金属基复合材料	铝基复合材料
	钛基复合材料
非金属基复合材料（有机和无机）	树脂基复合材料
	碳基复合材料
	陶瓷基复合材料
	水利基复合材料

表 1-3　复合材料按应用性能的分类

应用性能	说明
结构复合材料	应用于承载结构的复合材料
功能复合材料	应用于功能性结构的复合材料，如阻尼、吸波材料等，通常这类复合材料具有结构功能一体化的特征

1.3 先进复合材料简介

先进复合材料（advanced composite materials），主要是指小直径、高强度、高模量的连续纤维及其织物增强均质基体的一类材料。就本书而言，均质基体特指热固性或热塑性树脂，也被称为高性能聚合物基复合材料，是技术比较成熟且应用最为广泛的一类复合材料。

高性能复合材料的诞生是以 20 世纪 40 年代玻璃纤维增强不饱和聚酯——玻璃钢的问世为标志的。美国以手糊成型技术制成了玻璃纤维增强聚酯的军用飞机的雷达罩，其后不久，美国空军莱特航空发展中心（Wright Aviation Development Center）设计制造了一架以玻璃纤维增强树脂为机身和机翼的飞机，并于 1944 年 3 月在莱特 - 帕特森空军基地（Wright-Patterson AFB）试飞成功。从此纤维增强复合材料开始受到军界和工程界的注意。

第二次世界大战以后纤维增强复合材料迅速扩展到民用，风靡一时，发展很快。1946 年纤维缠绕成型技术在美国出现，为纤维缠绕压力容器的制造提供了技术储备。1949 年研究成功玻璃纤维预混料并制出了表面光洁，尺寸、形状准确的复合材料模压件。1950 年真空袋和热压罐成型工艺研究成功，并制成直升机的螺旋桨。20 世纪 60 年代，美国利用纤维缠绕技术，制造出北极星、土星等大型固体火箭发动机的壳体，实现了轻质高强结构的先进复合材料在航天领域的应用，这也是先进复合材料最佳的应用途径。20 世纪 60 ～ 70 年代，新型纤维增强材料（碳纤维、芳纶纤维）的出现使复合材料的综合性能得到了很大提高，并使复合材料的发展进入了新的阶段。

本书主要介绍以连续纤维增强的热固性树脂基复合材料，包括高强玻璃纤维、碳纤维、芳纶纤维（Kevlar 纤维）等增强环氧、改性双马来酰亚胺、氰酸酯等热固性树脂的复合材料。这些先进复合材料广泛应用于航空航天等高承载领域。

1.3.1 增强纤维

增强纤维，指长度大于 100pm、长径比大于 10，通过分散在基体中，为树脂基体提供增强能力的丝状材料。通常，增强纤维的截面为圆形或接近圆形，在制造过程经模具拉拔，在整个过程中发生分子取向，这也使得其在长度方向的性能显著高于其他方向。这样，当纤维再受到拉伸载荷时，受拉对象更多的是分子链本身，而非纠缠在一起的分子链团。出色的强度和刚度使纤维成为先进复合材料中主流的增强体。

增强纤维的特性有时直接决定了复合材料的性能和应用。先进复合材料对增强纤维除了有力学性能要求外，还特别强调增强纤维的质量稳定性、性能分散性、工艺适宜性，某些条件下还要求具有特殊性能如耐高温、抗氧化、吸收或屏蔽雷达波等。先进复合材料的增强纤维最常见的是碳纤维、玻璃纤维和芳纶纤维。

碳纤维作为先进复合材料典型代表，含碳量在90%以上，具有优良的综合性能，其轴向强度和模量高，密度低、非氧化环境下耐超高温，耐疲劳性好，热膨胀系数小且具有各向异性，耐腐蚀性好，导电导热性能、电磁屏蔽性好等优点。已广泛用于航空航天、汽车、体育用品和海洋工程等工业领域。

玻璃纤维由于成本低、拉伸强度高、耐冲击性能高和良好的耐化学性能，被广泛应用于民用复合材料制品。但其性能仍无法与先进复合材料所用的碳纤维比肩。与碳纤维相比，玻璃纤维模量较低，疲劳性能也较差。三种最常用于复合材料的玻璃纤维为无碱玻璃纤维（E-玻璃纤维）、高强玻璃纤维（S-玻璃纤维）和石英纤维。E-玻璃纤维最为普通和便宜，具有良好的电气绝缘性及机械性能，广泛用于生产电绝缘用玻璃纤维，也大量用于生产玻璃钢用玻璃纤维，其缺点是易被无机酸侵蚀，故不适用于酸性环境。S-玻璃纤维的特点是高强度、高模量，用它们生产的玻璃钢制品多用于军工、空间、防弹盔甲及运动器械。但是由于价格昂贵，目前在民用方面还不能得到推广，产量不多。石英纤维的价格相当昂贵，是由高纯二氧化硅构成，具有优良介电性能的纤维产品。由于其透波性好，常被用于透波功能复合材料。

芳纶纤维是强度和刚度介于玻璃纤维和碳纤维之间的有机纤维。杜邦公司的Kevlar纤维是最常用的芳纶纤维产品。芳纶纤维具有良好的拉伸强度和模量，质量轻，具有优异的韧性和出色的防弹和防冲击性能。但由于与基体的黏结状态较差，其横向拉伸、纵向压缩和层间剪切强度较差。类似于碳纤维，芳纶纤维的热膨胀系数也为负值。

1.3.2 纤维织物

纤维机织物可按交织模式进行分类，如图1-2所示。

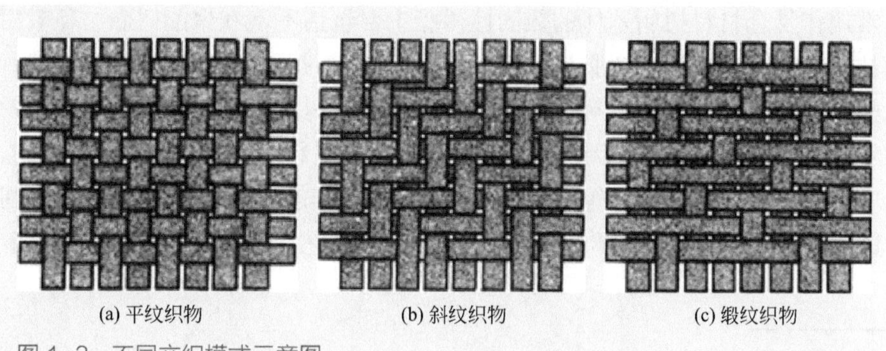

(a) 平纹织物　(b) 斜纹织物　(c) 缎纹织物

图1-2 不同交织模式示意图

第一类，平纹织物，也是最简单的模式。在平纹织物中，每根经纱和纬纱分别从下一根纬纱和经纱的上方或下方交替地穿过。与其他任何织物相比，平纹织物因织物单位面积的交织点最多，是最为紧凑的基本织物形式，其纤维最不易发生面内运动。优点是在使用时不易变形，缺点是在复杂形面上难以随形铺覆，在浸胶过程中也较难被树脂浸透。平纹织物的另外一个缺点是每根纱从上到下频繁交换位置，这种波浪形或弯曲状态降低了复合材料的强度和刚度。平纹织物常用在曲率小的制件上，而在大曲率制件上，会采用五枚或八枚的缎纹织物。

第二类，斜纹织物，可铺覆性优于平纹织物。斜纹织物中，一根或多根经纱按一定的重复规则从两根或两根以上纬纱的上方或下方交替地穿过。斜纹织物的突出特点是浸胶时有极好的浸透性。

第三类，缎纹织物，因交织少，其纤维容易发生面内运动，优点是可铺覆性优异。四枚缎纹织物中经纱跳过三根纬纱然后被压在一根纬纱下；五枚缎纹织物中经纱跳过四根纬纱然后被压在一根纬纱下；八枚缎纹织物中经纱跳过七根纬纱然后被压在一根纬纱下。由于纤维交织少，缎纹织物比平纹织物强度高，单层厚度小，可以形成光滑的制件表面。缎纹织物中八枚织物的可铺覆性最好，但五枚织物一般用6k[1]碳纤维束，因此五枚织物比用3k碳纤维束的八枚织物要便宜。工业上趋于越来越多地采用价格更低的五枚缎纹织物。

1.3.3 树脂基体

在复合材料中，树脂基体将增强纤维黏结在一起赋予复合材料的整体性，并将外力均匀地传递给增强材料。树脂基体在很大程度上决定了复合材料的成型工艺性、耐热性、热氧化稳定性、冲击韧性、耐介质性能和部分力学性能。因此在先进复合材料中，树脂基体是复合材料的关键组成部分。

复合材料树脂基体主要包括热固性树脂和热塑性树脂两大类。

1.3.3.1 热固性树脂

常用作复合材料树脂基体的热固性树脂主要包括不饱和聚酯树脂、环氧树脂、酚醛树脂、双马来酰亚胺树脂（简称双马树脂）、苯并噁嗪树脂、氰酸酯树脂、芳基乙炔树脂、聚酰亚胺树脂等，其中高耐热的环氧树脂、双马树脂、氰酸酯树脂、聚酰亚胺树脂常作为航空航天结构应用的先进复合材料的树脂基体；酚醛树脂、苯并噁嗪树脂、芳基乙炔树脂等高残炭率的树脂常用作航天耐烧蚀复合材料的树脂基体；民用复合材料对树脂基体的要求更注重成本和工艺性，常以不饱和聚酯树脂、环

[1] 纤维规格，指碳纤维丝束中单丝的数量，6k即为6000根。一般单丝数量越少，价格越昂贵。

氧树脂、酚醛树脂等为主。

热固性树脂在固化后，由于分子间交联，形成网状结构，因此刚性大、硬度高、耐高温、不易燃、制品尺寸稳定性好，但性脆。热固性树脂基体的可选择范围较大，应用广，耗量大。这里主要介绍先进复合材料中常用的不饱和聚酯树脂基体、环氧树脂基体、双马树脂基体、氰酸酯树脂基体、聚酰亚胺热固性树脂基体。

（1）不饱和聚酯树脂基体　不饱和聚酯广泛应用于民用领域，在高性能复合材料中的应用极为有限。尽管比环氧树脂成本低，但其耐温性能和力学性能低、耐候性差、固化过程中收缩大。

（2）环氧树脂基体　环氧树脂是最常见的高性能复合材料基体材料和胶黏剂材料，其强度、黏结性、收缩性和工艺适用性好，综合性能十分优异。

（3）双马树脂基体　双马来酰亚胺树脂工艺性良好，与环氧树脂接近，而耐温等级高于环氧树脂。双马来酰亚胺树脂基体虽然有优良的力学性能和耐热性，但固化产物交联密度和脆性较大，因此需要针对应用要求进行改性。一般会从工艺性能改进、提高固化物韧性和降低成本三方面进行改性。

（4）氰酸酯树脂基体　氰酸酯树脂基体具有低介电常数和极小的介电损耗正切值、高玻璃化温度、低收缩率和吸湿率、低放气性、优良的力学性能和黏结性能等优点，已应用于高性能复合材料领域，尤其在透波复合材料领域得到大量应用。

（5）聚酰亚胺树脂基体　热固性聚酰亚胺树脂基复合材料以其优异的耐热氧化性能、力学性能、介电性能、良好的耐溶剂性能等，在航空航天等领域已得到了广泛的应用。

1.3.3.2　热塑性树脂

先进复合材料常用的高性能热塑性树脂基体主要包括聚苯硫醚树脂、聚醚醚酮树脂、聚酰亚胺树脂、聚醚砜树脂、聚醚酰亚胺树脂等。民用热塑性复合材料基体常用价格低廉、工艺性较好的热塑性树脂，如聚乙烯树脂、聚丙烯树脂、聚酰胺树脂等。

与热固性树脂基复合材料相比，热塑性树脂基复合材料具有突出的优点。

（1）高韧性　韧性方面的优势非常明显。

（2）生产效率高　热固性树脂基复合材料最主要的成型方法是预浸料 / 热压罐工艺，涉及大量的能源消耗。热塑性树脂基复合材料只需升温、加压成型、冷却即可完成制备过程，生产效率高。

（3）可重复使用　热塑性树脂基复合材料可反复成型、加热可焊接，与热固性树脂基复合材料相比，更节能环保。

1.3.3.3　先进复合材料对树脂基体的要求

（1）工艺性　树脂基体的工艺性能主要包括黏度、流动性、凝胶时间、黏性等。对于热固性树脂，树脂的黏度变化、凝胶时间和黏性等工艺性能是关键参数。

（2）长期使用温度　先进复合材料应该在远低于树脂基体的玻璃化转变温度下使用。对于航空结构用复合材料需要考虑温度和湿度共同作用对长期使用温度的影响，环氧和氰酸酯树脂复合材料的长期使用温度一般低于150℃，双马树脂复合材料一般低于200℃，聚酰亚胺树脂复合材料的使用环境主要是高温环境，聚酰亚氨基复合材料在300～450℃。

（3）吸湿性　复合材料的吸湿性与树脂基体的分子结构、纤维的种类和界面特性等相关，作为航空结构材料需要根据使用情况综合考虑湿热对复合材料力学的影响。树脂基体本身的吸湿性对最终复合材料的使用性能影响很大，降低树脂基体的吸湿率对提高复合材料的耐湿热性能非常重要。

（4）电性能　复合材料的电性能主要包括介电性能和电击穿强度。氰酸酯树脂和热塑性树脂具有优异的介电性能。树脂基体也常用作绝缘材料，电击穿强度与树脂体系中的有害杂质（如金属离子、有机及无机氯等）关系密切。

1.4 先进复合材料的特点

1.4.1 先进复合材料的优点

1.4.1.1 可设计性好

复合材料的性能取决于组成它的组分（基体材料、增强材料）的性质，增强材料的几何形状、配置（如纤维的排布）、含量，以及界面结合状况和工艺条件等。充分利用这一特点，根据构件的受载状态、工作环境与使用要求等来调整这些因素，可以满足构件对强度、刚度、热、电、声、光等性能的要求，从而实现最合理、最有效地利用材料。

可设计性，包括了原材料可设计、结构可设计和工艺可设计等。

1.4.1.2 使用性能好

（1）比强度、比模量高。与钢、铝、钛等金属材料相比，复合材料的突出特点，是其比强度和比模量高（表1-4）。

比强度——材料的拉伸强度与其密度的比值。

比模量——材料弹性模量与其密度的比值。

表 1-4　复合材料与传统材料的力学性能对比

材料	密度/(g/cm³)	拉伸强度/GPa	弹性模量/10²GPa	比强度/10⁶cm	比模量/10⁶cm
钢	7.8	1.03	2.1	1.3	2.7
铝合金	2.8	0.47	0.75	1.7	2.6
钛合金	4.5	0.96	1.14	2.1	2.5
玻璃纤维复合材料	2.0	1.06	0.4	5.3	2.0
碳纤维-环氧树脂复合材料	1.45	1.50	1.4	10.3	9.7

（2）耐疲劳性能好。通常，金属材料的疲劳破坏是事前没有明显预兆的突发性破坏。复合材料中纤维与基体的界面能阻止裂纹的发展，因此其疲劳破坏总是从纤维的薄弱环节开始，逐渐扩展到结合面上，破坏前有明显预兆。

（3）减振性好。结构的自振频率除与结构本身形状有关外，还与结构材料的比模量的平方根成正比。复合材料的比模量高，其结构件具有高的自振频率。同时，复合材料中介面具有吸振性能，其振动阻尼高。因此，复合材料的减振性好。

（4）耐烧蚀性能好。聚合物基复合材料的组分具有高的比热、熔融热、汽化热等。在很高的温度下，它们能吸收大量热能。因此常用复合材料作为进入大气层的飞行器所必需的耐烧蚀材料。

（5）热膨胀系数小，尺寸稳定性好。一般复合材料的热膨胀系数接近于零，有的甚至达到负值。

（6）过载时安全性好。复合材料优越的使用性能使其已成为先进性能飞机不可缺少的材料，可有效降低噪声，大大提高乘坐舒适性。

1.4.1.3　工艺性好

复合材料构件的制造工艺简单，适合整体成型，从而减少了零部件、紧固件和接头的数目，使结构设计更先进、更合理，可减少加工、节约材料、减轻重量、改善性能等。

1.4.2　先进复合材料的缺点

复合材料的优点虽多，但它也不是尽善尽美的。它的不足之处如下：

（1）工艺稳定性差，产品质量不易控制；

（2）抗冲击强度低；

（3）横向强度和层间剪切强度低；

（4）长期耐高温性能和耐环境老化性能较差。

复合材料的工艺稳定型差，一是因为它是近几十年发展起来的新兴材料，生产技术成熟度低；二是制造环节的质量影响因素较多，且属于热加工工艺，具有工序不可逆的特点，因此在制造中，需要把握工艺流程的各种技术要求与工艺参数的相关性，以控制产品质量。

复合材料抗冲击强度和层间剪切强度低的特点，要求生产操作与运输过程中，做到小心保护，轻拿轻放，避免磕碰和撞击而造成的外观缺陷和内部分层现象。

1.5 先进复合材料的应用

先进复合材料具有传统材料所不能比拟的优越性，为高性能复合材料的发展提供了广阔前景，在航空、航天、交通、汽车以及体育领域得到广泛应用。其中以碳纤维复合材料为其重要代表。

碳纤维复合材料与铝合金、钛合金、合金钢并称为飞机机体的四大先进结构材料，在小型商务飞机和直升机上的使用量达到70%~80%，在大型客机上占15%～52%（图1-3），在军用飞机上占30%～40%（图1-4）。

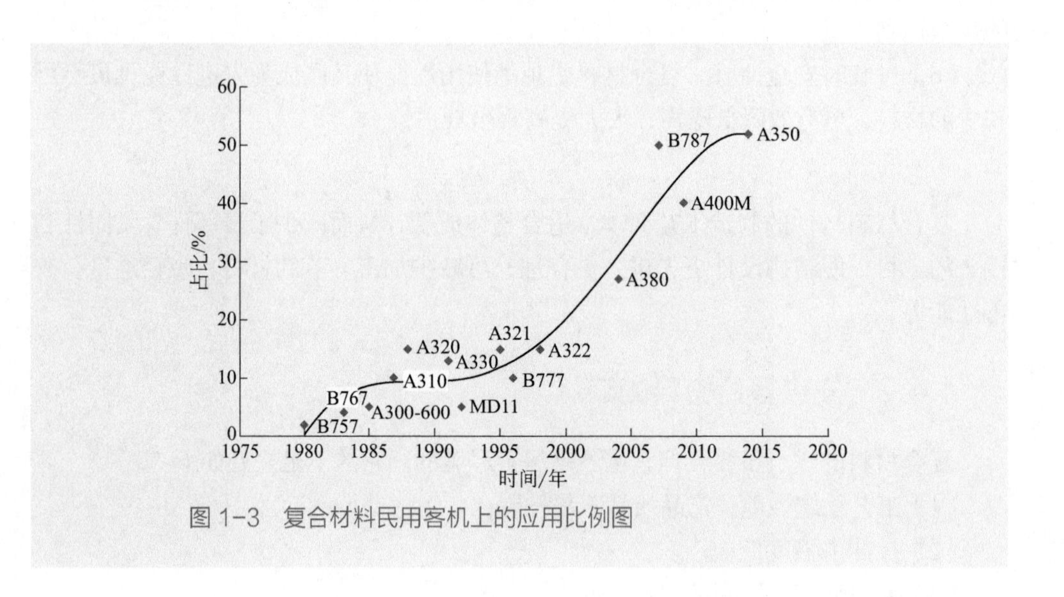

图1-3 复合材料民用客机上的应用比例图

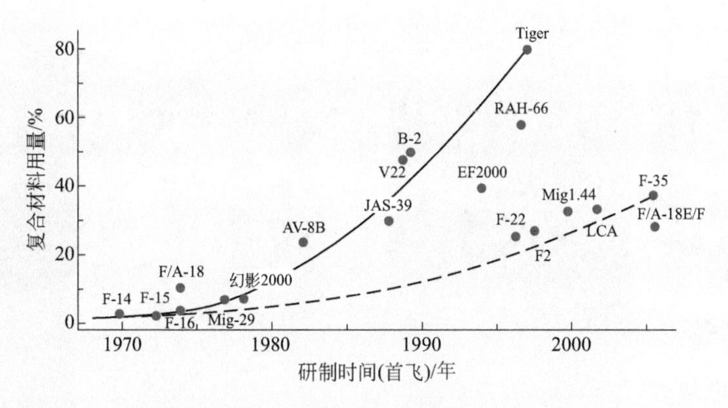

图 1-4　复合材料军用飞机上的应用比例图

1.5.1　民用航空

20 世纪 70 年代中期的石油危机是碳纤维应用于飞机制造的直接原因。为了节约燃油和提高运营效益，减轻机身重量一直是飞机设计的核心之一。而碳纤维复合材料在飞机上的成熟应用为减轻飞机机身重量提供了最有效的途径。

碳纤维复合材料在 20 世纪 70 年代首次在飞机上应用，如整流罩、控制仪表盘和机舱门等；近五十年来，随着高性能碳纤维和预浸料 - 热压罐整体成型工艺的成熟，碳纤维复合材料的使用逐步进入到机翼、机身等受力大、尺寸大的主承力结构中。碳纤维在客机上的使用使得飞机耐用性增强、维护费用减少、重量减轻、油耗减少，更加环保和经济。

目前世界最大的客机空客 A380（图 1-5）机身质量的 22% 为碳纤维复合材料，并将其成功应用于机翼与机身主体结构连接处中央翼盒，仅此一项就比铝合金材料减重 1.5t，燃油经济性优于竞争机型约 13%，大大降低了运营成本。

图 1-5　法国空客 A380

波音公司的 B787 “梦想飞机”（图 1-6），复合材料应用率达到 50%，是第一个同时采用高性能碳纤维复合材料机翼和机身的大型商用客机。

法国空中客车公司的 A350（图 1-7），被认为是迄今为止复合材料占全机结构质量比最大的客机，占比超过 52%。

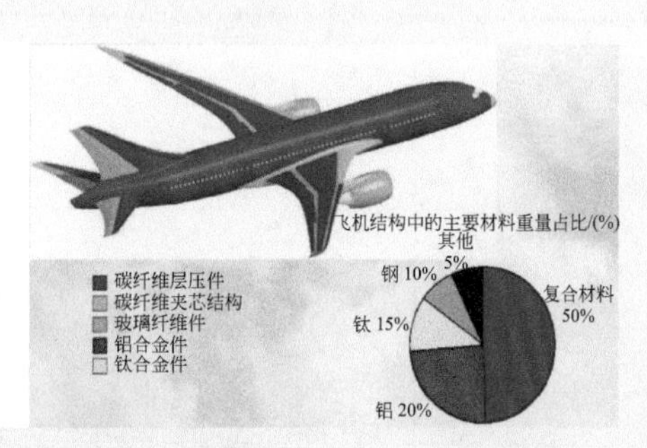

图 1-6　美国波音公司 B787

图 1-7　法国空中客车 A350

我国国产大型客机中国商飞 C919（图 1-8）的机尾和侧翼也采用了碳纤维复合材料，占整机质量的 12%。

图 1-8　中国商飞 C919

1.5.2　军用航空

在碳纤维复合材料使用初期，因为价格昂贵、性能好，因此多应用在航空领域，尤其是军用飞机制造领域。统计显示，在世界范围内，军用飞机使用碳纤维复合材料的数量约占所有军用飞机总材料的 35%，直升机则在 75% 左右（表 1-5）。

表 1-5　军用飞机碳纤维复合材料使用情况

机种	国别	复合材料用量	应用部位	首飞年份
阵风（Rafale）	法国	30%	垂尾、机翼、机身结构	1986年
JAS-39	瑞典	30%	机翼、垂尾、前翼、舱门等	1988年
F-22	美国	25%	机翼、前中机身、垂尾、平尾及大轴	1990年
台风（EF-2000）	英/德/意/西	40%	机翼、前中机身、垂尾、前翼	1994年
F-35	美国	35%	机翼、机身、垂尾、平尾、进气道	2000年

碳纤维复合材料已广泛应用为军机结构材料。从 1969 年起，美国 F14A 战斗机碳纤维复合材料用量仅有 1%，到美国 F-22 和 F-35 为代表的第四代战斗机（图 1-9）上碳纤维复合材料用量达到 25% 和 35%，在美国 B-2 隐身战略轰炸机上，碳纤维复合材料占比更是超过了 50%，用量与日俱增。根据不完全数据统计，国外的军用飞机使用的碳纤维材料已经可以达到全部机身的 40% 以上，碳纤维增强树脂基复合材料的比例越高，飞机作战技术就越好。目前，一些欧美国家的轻型飞机基本实现材料的复合化应用，这就使得飞机更加轻盈，飞行的安全性更高。

在战斗机和直升机上，碳纤维复合材料应用于战斗机主结构件、次结构件和特殊部位的特种功能部件。国外将碳纤维 - 环氧树脂和碳纤维 - 双马树脂复合材料应用在战斗机机身、主翼、垂尾翼、平尾翼及蒙皮等部位，起到了明显的减重作用，大大提高了抗疲劳、耐腐蚀等性能。数据显示采用复合材料结构的前机身段，可比金属结构减轻质量 31.5%，减少零件 61.5%，减少紧固件 61.3%；复合材料垂直安定面可减轻质量 32.24%。用军机战术、技术性能的重要指标——结构重量系数来衡量，国外第四代军机的结构重量系数已达到 27% ～ 28%。未来以 F-22 战斗机为目标的背景机复合材料用量比例需求为 35% 左右，其中碳纤维复合材料将成为主体材料。国外一些轻型飞机和无人驾驶飞机，已实现了结构的 100% 复合材料化。

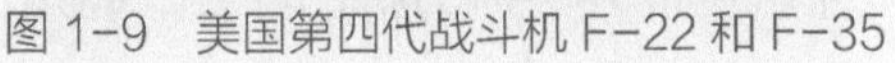

图 1-9　美国第四代战斗机 F-22 和 F-35

1.5.3 其他应用领域

1.5.3.1 宇航航天方面的应用

复合材料在火箭、导弹、卫星和宇宙飞船上得到了广泛的应用。复合材料不仅被应用在结构材料（图 1-10）上，而且常常作为隔热、烧蚀材料使用（玻璃 - 酚醛复合材料、石棉 - 酚醛复合材料）。

1.5.3.2 轨道交通中的应用

轨道列车的高速运行主要是克服运行的阻力，包括列车滚动的阻力、重力、加速阻力和空气阻力等。现有轨道列车主要采用铝合金等轻量化金属材料，相对碳纤维复合材料而言，重量上仍然可以进一步进行轻量化处理，但在制造工艺上还需要深入探索。随着碳纤维复合材料制造工艺的不断进步，其在轨道交通车辆上的应用案例也将越来越多（图 1-11）。

图 1-10 固体火箭发动机壳体

图 1-11 碳纤维复合材料在地铁列车上的应用

1.5.3.3 船舶方面的应用

玻璃钢造船是玻璃钢应用的几项最早产品之一。现在玻璃钢在船舶工业中占有非常重要的地位，广泛应用于军用和体育船舶（图 1-12）中。而采用 Kevlar49 和碳纤维复合材料制成的巡逻艇和游艇大大减轻了船的重量，时速超过了 80 公里，节约燃料 40%。

1.5.3.4 汽车工业中的应用

碳纤维复合材料汽车零件不仅比金属轻、强度高，而且可以减小或消除振动（图 1-13）。从经济观点分析，可以使用 Kevlar49、碳纤维与玻璃纤维制成的混杂复合材料，既可降低成本，又可提高性能。

1.5.3.5 机械和仪器方面的应用

复合材料成功用作涡轮机的叶片、压缩机的叶片、风力机的叶片、超速离心机、飞轮及其他高次数旋转的机械，也可以应用于制备高质量的静态机械结构部件（图 1-14）。

图 1-12　碳纤维摩托艇

图 1-13　碳纤维跑车

1.5.3.6　体育器材娱乐用品方面的应用

由于碳纤维、Kevlar49 纤维的复合材料具有轻质、高强、高韧性、高刚度、高冲击衰减特性，适用作各种各样的运动用具。而且，在这方面的应用为了提高运动的技能和争取荣誉，常常不惜高价，因此发展很快（图 1-15）。

图 1-14　风力发电机桨叶

图 1-15　碳纤维自行车

1.5.3.7　建筑工业方面的应用

玻璃纤维增强树脂基复合材料（简称玻璃钢）在建筑工业中应用最广泛（图 1-16）。产品包括冷水塔、活动房、门窗、烟囱、浴盆、玻璃瓦、雨水沟和雨水管等。由于 Kevlar49 复合材料质轻，比强度高、尺寸稳定性好，因而它也是建筑工业理想的结构材料。

1.5.3.8　化工设备方面的应用

由于复合材料具有比金属更优异的耐腐蚀性，具有质轻、强度高的特点，因此可以代替化工设备中的金属制品（图 1-17）。

图 1-16　玻璃钢在建筑工业中的应用

图 1-17　复合材料在化工罐体中的应用

1.5.3.9　日用品方面的应用

碳纤维本身具有的黑亮色泽，以及其机织物构成的纹理和质感，为时尚设计师们提供了丰富的想象空间和造型元素。目前，使用碳纤维制成的服装饰品有鞋、帽、腰带、钱包（夹）、眼镜架等，旅行用品有行李箱等，居家用具有桌、椅、浴缸等。所有这些制品都展示出了碳纤维高冷、坚韧、骄傲和优雅的时尚特质，给人们的生活增添了极致奢华的技术和艺术享受（图 1-18）。

图 1-18　复合材料在日用品方面的应用

1.5.3.10 其他方面的特殊用途

先进复合材料还可以在特种防护装备如防弹背心上使用，因为 Kevlar49 有极强的韧性和抗冲击性能；也可用于电器、玩具以至医学方面（如假牙和人造关节等）。复合材料产品正悄然进入千家万户。

本章小结

本章介绍了复合材料的定义、组分和分类，重点阐述了先进复合材料的增强材料和基体材料，先进复合材料的优缺点以及先进复合材料的发展和应用。

思考题

1. 先进复合材料有哪些优缺点？
2. 先进复合材料常用的增强材料和基体材料有哪些？各有什么特点？
3. 为什么复合材料在航空航天和汽车领域有非常广阔的应用前景？

2

复合材料热压罐成型工艺概述

2.1 热压罐成型工艺简介

复合材料是用适当的方法将两种或以上不同性质的材料组合在一起构成的性能比其组成材料优异的一类新型材料。复合材料成型工艺就是将两种或以上不同性质的材料组合在一起的“适当方法”。

热压罐 (hot air autoclave) 是一种针对聚合物基复合材料成型工艺特点的工艺设备，使用这种设备进行成型的方法叫热压罐成型工艺，因成型过程中通常使用真空技术，故也称为真空袋 - 热压罐成型工艺。真空袋 - 热压罐成型工艺是先进复合材料的主流成型方法，它是在手糊成型和模压成型的基础上发展起来的一种成型方法，是制造连续纤维增强热固性复合材料制件的主要方法，目前广泛应用于先进复合材料结构、蜂窝夹层结构及金属或复合材料胶接结构的成型中。材料成型时，利用热压罐内同时提供的均匀温度和均布压力而固化，可得到表面与内部质量高、形状复杂、大尺寸的复合材料零部件，如航空飞机蒙皮、肋、框、各种壁板件、地板、整流罩以及垂尾、机翼、舱门等结构件。

复合材料成型工艺的关键是要在满足制品形状尺寸及表面粗糙度的前提下，使增强材料能按照预定方向均匀配制并尽量避免其性能降级，使基体材料充分完成固化反应，通过界面与增强材料良好结合，排除挥发气体，减小制品的空隙率。同时，还应考虑操作方便和对操作人员的健康影响。所选择的设备与工艺过程应与制品批量相适应，使得单件制品的平均成本最低。虽然高性能复合材料目前成本仍比较高（主要反映在纤维成本和制造过程成本上），但随着工艺的不断进步和应用的扩大，预计成本会逐步下降。

目前，除了真空 - 热压罐成型方法外，常用的复合材料成型方法还有手糊成型法、喷射成型法、压制成型法、缠绕成型法、拉挤成型法和液体成型法等，此部分将在下文简单介绍。本书将重点介绍先进复合材料真空袋 - 热压罐成型方法的工艺流程及质量控制。

2.2 热压罐成型工艺特点及流程

通常复合材料成型工艺有两大特点，一是复合材料的生产与制品的成型是同时完成的，所以复合材料的工艺水平将直接影响材料或制品的性能，这与传统的材料和工艺有着本质的区别；二是复合材料的成型比较方便，因为树脂在固化前具有一定的流动性，纤维很柔软，依靠模具容易形成要求的形状和尺寸。本书所述的真空袋 - 热压罐成型方法也具备这两个特点。

真空袋 - 热压罐成型法是指用手工或自动铺叠方式，将预浸料（单项带、编织物等）按预定方向和顺序在模具上逐层铺贴直至所需的厚度（或层数），封制真空袋，放入热压罐内，经加温加压固化、脱模、修整而获得制品的过程。

真空袋 - 热压罐成型工艺原理见图 2-1。

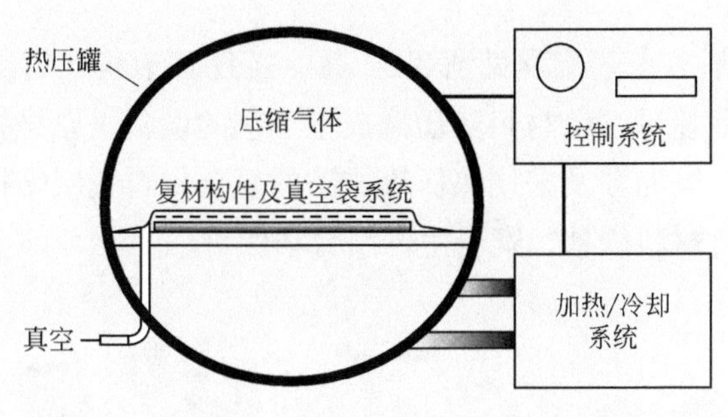

图 2-1 真空袋 - 热压罐成型工艺原理示意图

2.2.1 热压罐成型工艺特点

（1）罐内压力均匀 用压缩空气或惰性气体（氮气、二氧化碳）或混合气体向热压罐内充气加压，作用在真空袋表面各点法线上的压力相同，使构件在均匀压力下成型、固化。

（2）罐内空气温度均匀 加热（或冷却）气体在罐内高速循环，罐内各点气体温度基本一样，在模具结构合理的前提下，可以保证密封在模具上的构件在升降温过程中各点温差不大。一般迎风面及罐头升降温较快，背风面及罐尾升降温较慢。

（3）适用范围较广 模具相对比较简单，效率高，适合大面积复杂型面的蒙皮、壁板和壳体的成型，可成型各种飞机构件。若热压罐尺寸大，一次可放置多层模具，同时成型各种较复杂的结构及不同尺寸的构件。热压罐的温度和压力条件几乎能满足所有聚合物基复合材料的成型工艺要求，如低温成型聚酯基复合材料，高温和高压成型聚酰亚胺复合材料。

（4）成型工艺稳定可靠 热压罐内的压力和温度均匀，可以保证成型构件的质量稳定，一般热压罐成型工艺制造的构件孔隙率较低、树脂含量均匀，相对其他成型工艺热压罐制备构件的力学性能稳定可靠。迄今为止，航空、航天领域要求高承载的绝大多数复合材料构件都采用热压罐成型工艺。

但热压罐成型方法也有一定的局限性，结构很复杂的构件用该方法成型有一定困难，对模具的设计技术要求很高，模具必须有良好的导热性、热态刚性和气密性。此外，与其他工艺相比，热压罐系统庞大，结构复杂，属于压力容器，投资建造一套大型的热压罐费用很高。并且，由于每次固化都需要制备真空密封系统，将耗费大量价格昂贵的辅助材料，同时成型中要耗费大量能源。所以此成型方法多应用于航空、航天等高端领域。

2.2.2 热压罐成型工艺流程

热压罐成型的基本工艺流程见图 2-2，每个工序环节将在后面的章节中分章进行详述。本书将全面梳理复合材料热压罐成型工艺的设备、原材料、模具特点及操作要求和质量控制，同时涉及采用热压罐成型的复合材料夹层结构与结构胶接，以及生产中必备的复合材料修补、安全生产与劳动保护。

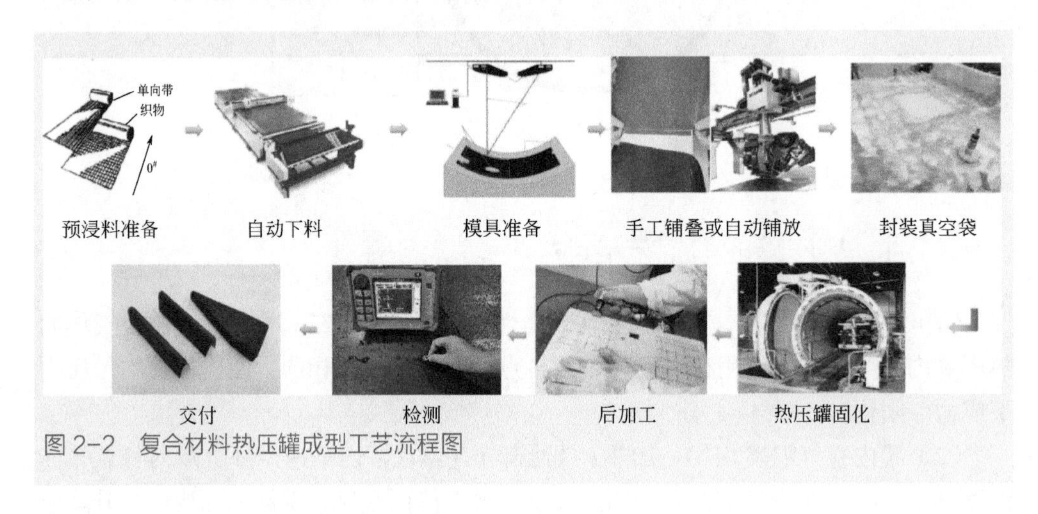

图 2-2 复合材料热压罐成型工艺流程图

2.3 其他复合材料成型方法

复合材料成型工艺的出现和发展是为了适应生产新品种复合材料及制品的要求，同时，复合材料成型工艺的完善，又保证了复合材料性能的实现。

复合材料成型工艺经历了由手工操作单件生产到机械化、自动化和智能化的连续大批量生产，从初级的原始形态逐渐发展为高级的系列化的整套工艺方法，它既继承和汲取了历代各种相关的传统工艺的精华，又充分应用了当代的高新技术成果。复合材料制品已经有几十种成型方法，这里主要介绍应用较多的成型方法。

2.3.1 手糊成型法

手糊成型工艺如图 2-3，常用于制造需求量较小的大型结构件如游艇船体，是经济有效的工艺方法。增强材料通常为机织物或者毡，由人工逐层进行铺贴，各层在铺贴前或铺贴中采用低黏度树脂进行浸湿，每铺一层后使用手持滚筒去除多余的树脂和夹裹的空气，并压实叠成，铺叠完毕后可在室温或加热条件下进行固化，由于固化通常在室温或较低的加热温度下进行，可采用极便宜的模具如木质模具来降低成本。

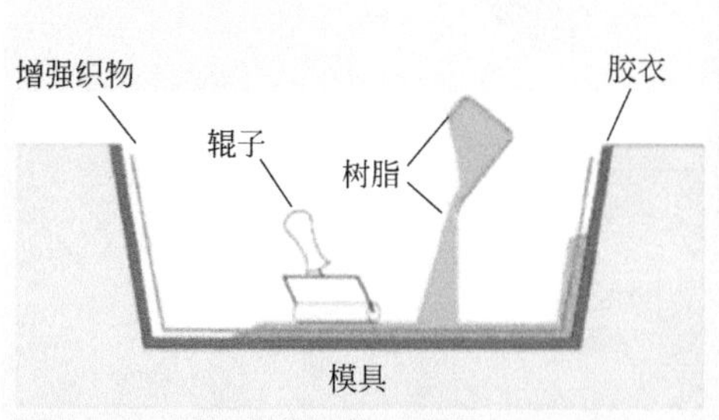

图 2-3　手糊成型工艺示意图

2.3.2 喷射成型法

喷射成型工艺如图 2-4，是比湿法手糊成型工艺更经济有效的工艺，但因为使用了随机取向的短切纤维，所得制件的力学性能要低得多。通常将连续的玻璃纤维无捻初纱送入专用的喷枪中，喷枪对纤维进行短切，与此同时短切纤维和树脂混合，然后喷射到模具上，再用滚轮人工碾压以压实叠成。固化时可采用真空袋来提高零件质量，但一般不采用。因为纤维短且随机取向，一般不用该工艺制造承力结构。

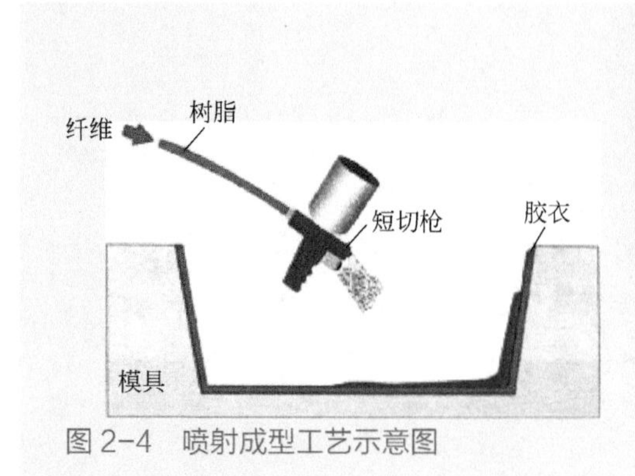

图 2-4　喷射成型工艺示意图

2.3.3 压制成型法

模压成型工艺如图 2-5，是使用非连续随机取向的对模工艺，该工艺将预先确定质量的材料放在对模的两个半模之间，然后加热加压。树脂随即发生流动而充满模具，并在 1 ～ 5min 内迅速固化，固化速度取决于所用聚酯或乙烯基类型，汽车工业常用的由玻璃纤维和聚丙烯组成的热塑性复合材料制件也多用模压工艺制造。

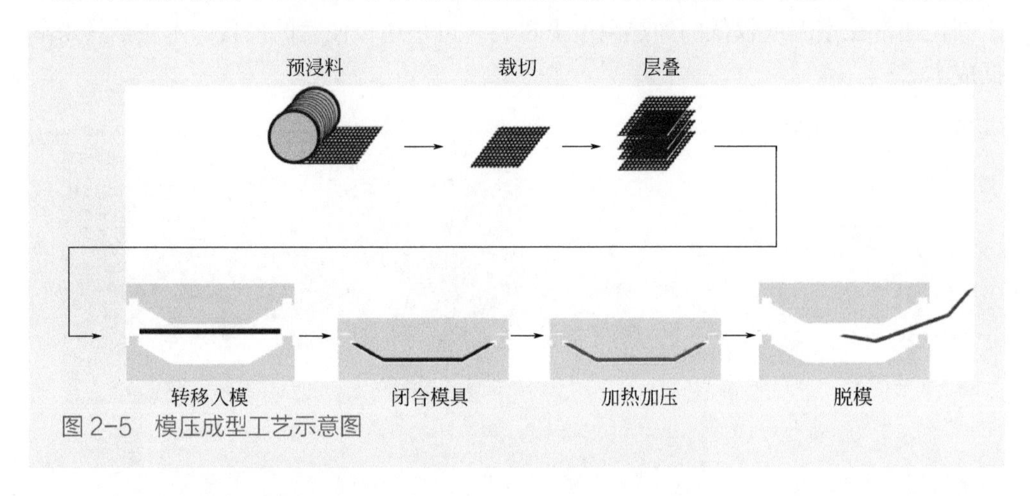

图 2-5　模压成型工艺示意图

2.3.4 缠绕成型法

缠绕成型技术（图 2-6）也是最早开发并广泛使用的成熟工艺技术之一，纤维缠绕成型技术既适用于制备简单的旋转体，也可以用于制备飞机机身、机翼及汽车车身等非旋转体部件。在纤维缠绕成型中常使用的增强材料包括玻璃纤维、碳纤维、芳纶纤维，缠绕用树脂基体有聚酯、乙烯基酯、环氧和双马树脂等。与其他复合材料成型技术相比，纤维缠绕的主要优点是节省原材料、低的制造成本以及制件的高度重复性，主要缺点是制件固化后需除去芯模以及不适宜于带凹曲表面制件的制造，使其适用范围受到限制。

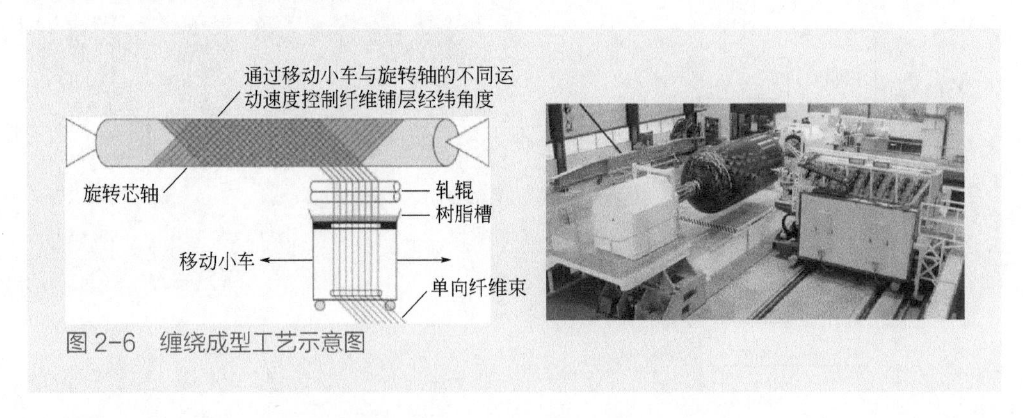

图 2-6　缠绕成型工艺示意图

2.3.5 拉挤成型法

拉挤成型技术是一种以连续纤维及其织物或毡类材料增强复合材料型材的制造工艺（图 2-7），基本工艺过程是将浸渍树脂的连续增强材料，在牵引力的作用下，通过模具挤压成型，加热固化，经长切割或一定的后加工得到型材制品。

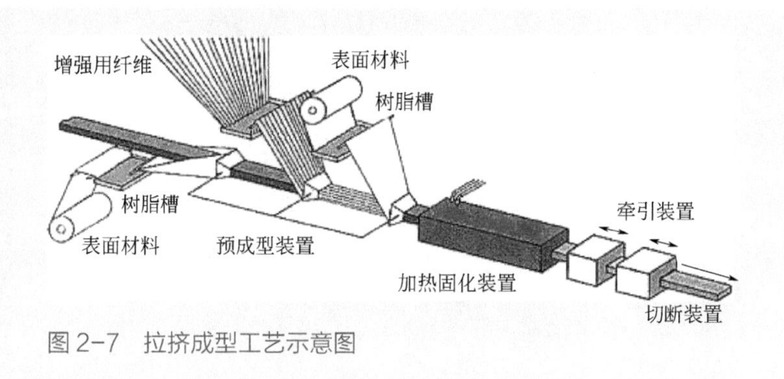

图 2-7 拉挤成型工艺示意图

2.3.6 液体成型法

液体成型技术主要有树脂传递模塑（RTM）、树脂膜渗透（RFI）和真空辅助树脂灌注（VARI）成型三种，覆盖了相当大范围的工艺类别，是近年来应用比较广泛的复合材料新工艺。

树脂传递模塑（RTM）成型工艺如图 2-8。生产过程中，先将干态的预成型体或纤维叠成放入金属对模，然后在压力作用下将低黏度树脂注入并使其充填模具。由于采用对模，该工艺能够满足严格的尺寸精度容差要求，可在对模中安放加热装备，或将模具移置于压机的加热平台来完成材料的固化。该工艺的一个衍生种类为真空辅助树脂转移模塑（VARTM）成型。

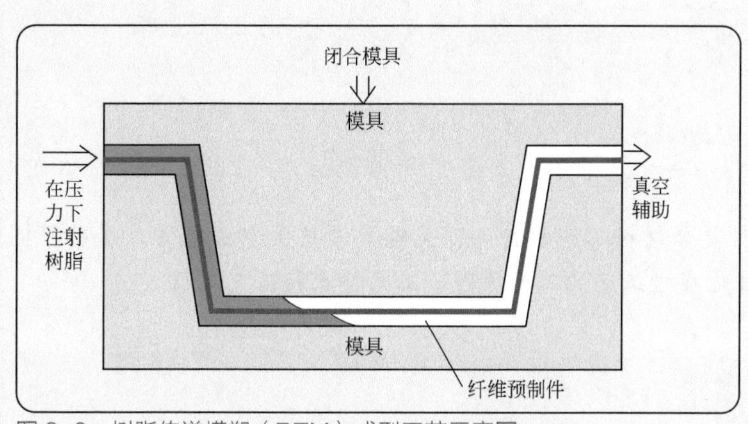

图 2-8 树脂传递模塑（RTM）成型工艺示意图

树脂膜渗透（RFI）成型技术使用单面模具加真空袋来进行成型，工艺过程是将树脂压制成一定厚度的薄膜放入模具中，然后将纤维预制件放在树脂膜上，再用真空袋封闭模腔，抽真空并加热模具使树脂膜熔化，并在真空状态下渗透到纤维预制件中，最后固化制得制品（图 2-9）。

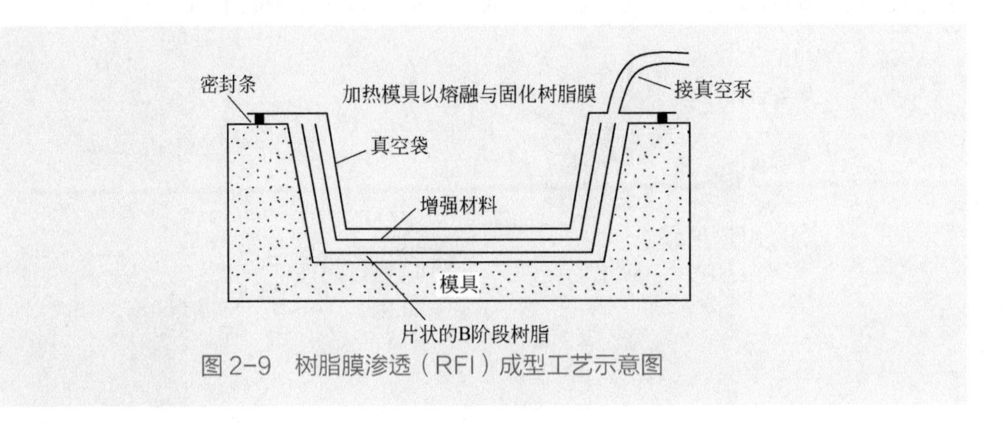

图 2-9 树脂膜渗透（RFI）成型工艺示意图

真空辅助树脂灌注（VARI）成型技术如图 2-10，与 RTM 相似采用灌注的方式，但模具结构又与 RFI 相似，采用了柔性真空袋结构，只有一面是模具。

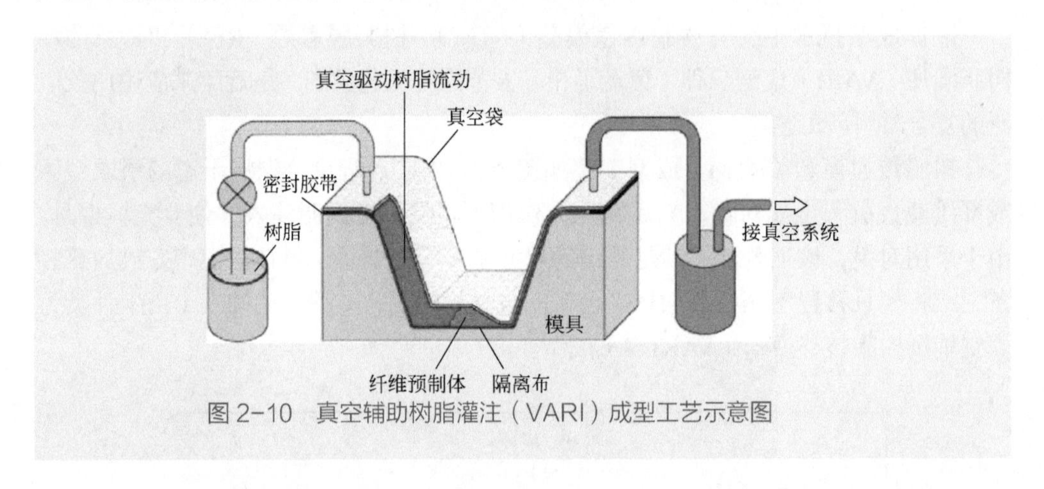

图 2-10 真空辅助树脂灌注（VARI）成型工艺示意图

本章小结

本章对复合材料工艺的特点、关键要素及主要成型方法进行了概述。着重阐述了热压罐成型工艺的工艺原理、工艺特点和工艺流程。

思考题

1. 如何理解复合材料工艺的关键要素？

2. 复合材料工艺的特点是什么？

3. 复合材料热压罐成型方法的工艺原理是什么？

4. 热压罐成型方法的工艺特点有哪些？

5. 热压罐成型方法的工艺流程主要有哪些工序？

6. 复合材料的三种液体成型法 RTM、RFI 和 VARI 的相同点与不同点是什么？

3

预浸料的准备

3.1 预浸料简介

预浸料（prepreg）是聚合物基复合材料制造的中间材料（图 3-1）。它是利用专门的设备，把单向排列的纤维（所有纤维平行）或织物（平纹布、斜纹布、缎纹布）浸入树脂基体制成的。浸渍技术有溶剂浸渍（湿法）、热熔体浸渍（干法）、粉末浸渍等。依据增强体种类可将预浸料分为单向预浸料和织物预浸料两类。就力学性能而言，单向预浸料由于其中纤维未发生屈曲而优于织物预浸料，并且由于其单层纤维角度单一，更易进行零件铺层的设计。单向预浸料可以根据结构的受力要求改变铺层方式，组成任意的各向异性板，充分发挥纤维的效率。但相较于单向预浸料，织物浸料的工艺性更好，更易于手工铺层，而且经编织体纤维定位，所成型的制件螺栓连接性能好。织物预浸料的缺点是纤维方向难于准确控制，单层纤维存在多种角度，不利于零件铺层设计。预浸料通常由专门的供应商制备，一般按卷销售。

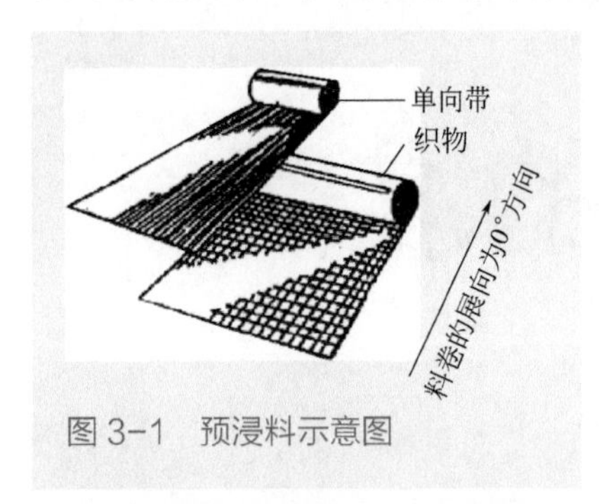

图 3-1 预浸料示意图

预浸料具有稳定一致的纤维 - 树脂复合效果，能使纤维完全被浸透。使用预浸料，在模塑成型时就无需称量和混合树脂、催化剂等。预浸料中，热固性预浸料的铺覆性和黏性较好，容易操作，但它们必须在低于室温的温度下贮存，而且有适用期的限制。也就是说，它们脱离贮存条件后必须在一定的时间内使用，以免过早的发生固化反应。

预浸料曾一度被认为成本很高而不宜大量生产，但现在预浸料正在迅速成为航空航天及可再生能源材料生产的理想选择。实际上，预浸料市场在近年来经历了很大的发展。由于预浸料被广泛接受和产生了一些新的市场机遇，目前预浸料行业在整体上颇具吸引力，其利润幅度高于平均水平。这一形势已吸引了投资商和用户的关注。世界上各大预浸料生产商也密切注视市场竞争动态，力图占有尽可能多的市场份额。而如何有效地满足用户要求则是决定预浸料行业能否长期取得成功的关键。

3.2 预浸料的质量控制

复合材料的质量在很大程度上取决于原材料的质量。预浸料在生产、贮存过程中以及使用前，必须进行检查。以树脂为基体的预浸料，其外观、树脂含量、挥发分含量、面密度、黏性、树脂流动度和凝胶时间是主要检验项目。此外，如有特殊要求还要检验规定温度下的黏度和铺覆性。

3.2.1 外观要求

（1）预浸料中碳纤维应是平行连续的，不允许有明显的交叉、起皱或松散；

（2）预浸料中的树脂应均匀分布，并完全浸渍纤维；

（3）预浸料中应无卷曲和扭绞的纤维、已固化的树脂颗粒、外来物；

（4）纤维应与隔离纸的边缘平行。

预浸料允许有缺陷，但应在缺陷所在位置的隔离纸上标明，并在合格证上注明。

3.2.2 树脂含量

预浸料的树脂含量直接关系到复合材料的纤维体积含量。复合材料在纤维方向上的拉伸强度和模量几乎与纤维的体积含量成正比。所以，确保预浸料的树脂含量，是质量控制的关键。

树脂含量的测定方法是取一定大小的试样，将其用溶剂溶解并抽提出试样中的树脂体系，根据试样质量和残留纤维的质量，便可以计算出树脂含量。

树脂含量的计算公式：

$$\text{树脂体系含量（\%）} = \frac{w_1 - w_2}{w_1} \times 100\%$$

式中　w_1——试样质量，g；

w_2——残留纤维质量，g。

需要注意的是，这里算出的树脂含量，其中含有挥发分的质量，若需精确计算，还要把挥发分部分减除。国产的零吸胶预浸料树脂含量一般为（33±2）%（材料供应商也可供应其它树脂含量的预浸料）。

3.2.3 挥发分含量

预浸料的挥发分来自树脂体系中的低分子量组分和湿法预浸时未除去的溶剂。预浸料中保留一定量的可挥发分，能增加树脂的流动性、黏性，还可以改善预浸的铺覆性。但是，预浸料中挥发分含量不能过高，含量过高会使复合材料形成缺陷，一般控制在小于2%。

预浸料挥发分的测定：取一定量大小的试样，称量后按规定的时间和温度加热试样，而后再称重，根据质量损失便可以计算出挥发分的含量。

预浸料挥发分的计算公式：

$$挥发分含量（\%）=\frac{w_1-w_2}{w_1}\times 100\%$$

式中 w_1——加热前试样质量，g；

w_2——加热后残留纤维质量，g。

3.2.4 面密度

面密度是指某纤维单位面积的质量。无纬布的面密度决定于纤维状态和纤维的横向移动速度，通常控制在 132g/m^2 左右。面密度可用于计算制件的纤维含量。

面密度的计算公式：

$$面密度=\frac{G}{S}$$

式中 G——所用纤维质量，g；

S——预浸料的总面积，m^2。

3.2.5 黏性

黏性是指预浸料表面的黏着能力，是表征预浸料的铺覆性和层间黏合性的指标，是预浸料的主要工艺参数。它是预浸料贮存过程中工艺性能是否符合要求的最敏感的指标。通常黏性不合格，就认为预浸料超过了保质期。

3.2.6 树脂流动度

树脂流动度是预浸料中树脂体系流动性大小的量度。一般指在规定的温度、时间和压力条件下，预浸料中树脂的流出量，以其占预浸料质量的百分数表示。

3.2.7 凝胶时间

凝胶时间是复合材料成型必须考虑的主要工艺指标之一。一般是指预浸料基体树脂在规定的温度下由流动的液态转变为固态凝胶所需的时间。凝胶时间与预浸料的存放温度和存放时间有关，存放温度高、存放时间长，凝胶时间会变短。

3.3 预浸料准备工艺流程

现在大部分使用的预浸料为干法预浸料，作为半成品可直接向供应商购买。在复合材料真空袋 - 热压罐成型工艺中，干法预浸料料片的准备流程见图 3-2。

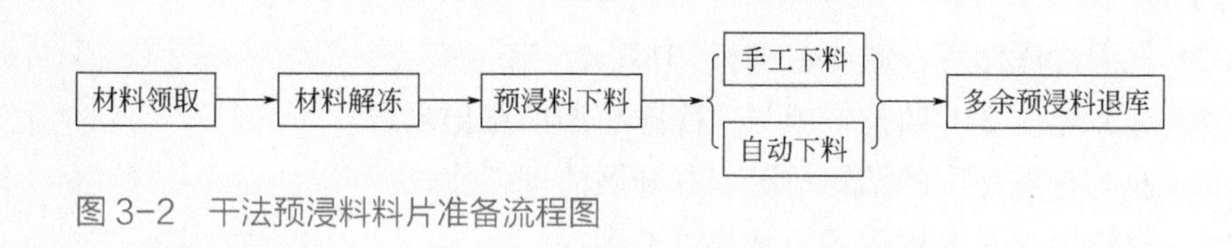

图 3-2　干法预浸料料片准备流程图

3.3.1　操作前准备

预浸料的解冻、下料及临时存放均应在净化间内进行。

制造复合材料制件的作业厂房分为特殊工作间和一般工作间。特殊工作间也被称为净化间或层铺间，净化间的温度应保持在（22 ± 4）℃，相对湿度应保持在 30% ~ 65%，并且室内空气净化度应符合一定的要求（比如等于或大于 10μm 的尘埃粒子不超过 10 粒 /L），室内应保持 91.8 ～ 367.2Pa（1 ～ 4g/cm^2）的正压力，室内不得进行产生粉尘的操作，不得使用产生油烟、油气和水汽的设备。每日工作前必须对环境进行清扫，坚持严格的定期清扫制度。复合材料一般工作间室内温度为 15 ～ 32℃，相对湿度小于 75%，并有良好通风设施。

3.3.2　预浸料的解冻

预浸料的树脂属于温敏性易变质材料，需要在 -18℃以下的冻库保存。因此它的保质期具有两个属性，一个是最长保质期，即在 -18℃以下保存的情况下所能使用的最后期限；另一个是材料在室温下（高于 -18℃）放置具有规定的最长时间，累计超过这一时间，材料将报废。

由于这一特点，预浸料除具有材料合格证外，还附有外置时间表，用于记录预浸料的材料名称、规格、批号、卷号、规定的外置时间、损失的外置时间和剩余的外置时间，以及每次出入冻库的时间，以便计算每次在冻库外停留的外置时间和还剩余的外置时间。剩余外置时间应能满足后续操作时间的要求。预浸料的解冻会吸附空气中的水分子导致受潮，会严重影响产品性能，所以在放入冻库前需要密封包装。当材料从冷库取出后，应迅速将材料放置于指定区域进行解冻，解冻完成前禁止打开材料密封袋。当材料达到室温且密封袋表面无湿气（封装袋表面无冷凝水滴）时，方可打开密封袋，目视检查料卷或袋内应无水汽，否则弃用。打开密封袋后检查材料外观，材料防粘纸质量应完好无破损，硅油膜层无起泡、分层、脱落、变色，若存在以上现象，应及时记录并更换材料。

3.3.2.1 冻库的管理

（1）冻库应具备自动控温装置和连续记录功能，同时具备超温报警装置（见图 3-3）；

（2）低温冷库储存：温度范围≤ -18℃；

（3）冻库温度 24h 监控，填写“冷库超温信息记录表”；

（4）及时查看冷库的结霜情况，并开展清理工作；

（5）材料出入库办理手续，做到可追溯；

（6）冷库储存里面放置：必须有支撑、必须密封、密封袋厚度至少达 6mil[1]；

（7）为防止发生反锁事件，严禁单独 1 人进入冷库，必须有 1 人在门口把门；

（8）为防止冻伤，必须穿戴防寒服、防护手套进入冻库。

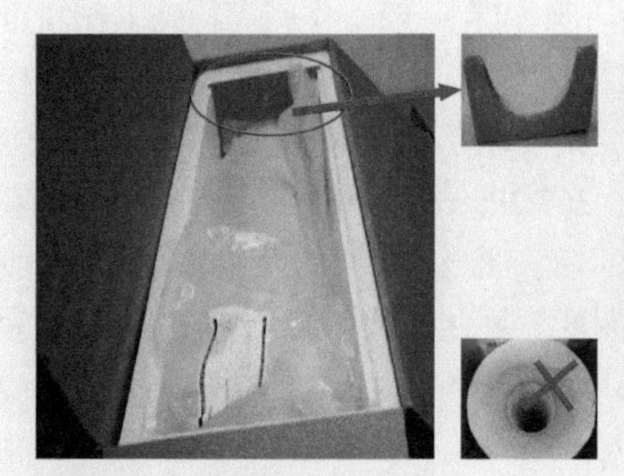

图 3-3 冻库管理示意图

3.3.2.2 解冻管理

（1）易变质材料需在划分的专用解冻区解冻，以防止材料损坏、挤压。解冻环境温度：15 ～ 26℃。

（2）材料从冻库取出后，应在包装箱醒目位置标记材料出库时间。

（3）易变质材料，出入库前密封袋应完好。

（4）不允许把材料放到高于 26℃的环境加速解冻。建议解冻过程中将包装箱盖打开以缩减解冻时间。

拆袋前应检查解冻是否完全，判断标准如图 3-4。

[1] mil（中文译音：密耳），长度单位，即千分之一英寸，约等于0.0254mm。6mil≈0.1524mm。

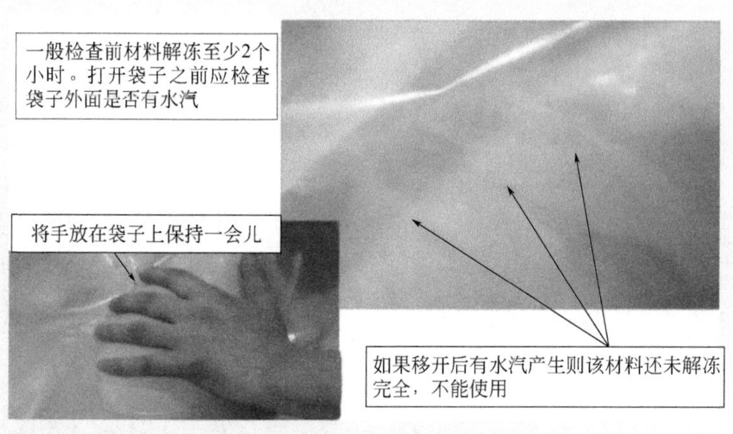

图 3-4　拆袋前检查是否解冻完全的判断标准示意图

预浸料解冻参考时间见表 3-1、表 3-2。

表 3-1　织物预浸料的解冻时间

料卷直径/mm	解冻时间/h
<150	8
150～300	10
>300	12

表 3-2　单向带预浸料的解冻时间

料卷直径/mm	单向带宽度/mm	解冻时间/h
≤480	75～1200	8
＞480	75～300	12

3.3.3　预浸料的下料

根据制品的设计要求，将预先制备的预浸料按一定形状、尺寸和纤维方向裁剪。裁剪时，预浸料的纤维方向要严格控制。预浸料的裁剪下料分为手工下料和自动下料。

3.3.3.1　手工下料

手工下料通常先按图纸制成下料样板，再按样板裁剪。下料操作时应穿戴专用服装，不得裸手或用身体的其他部位直接接触预浸料。下料前采用干净不起毛的擦拭纸沾丙酮或酒精对下料样板、切割刀具、钢板尺等工具进行清洁，去除工具表面杂质和污物，确保工具表面无污渍，要求工具表面采用洁净擦拭纸擦拭时擦拭纸表面无污渍。

确认材料表面的隔离材料无破损（若有破损则需避开破损区域）。

核实预浸料 0° 基准（以卷长方向为0° ），将样板铺层角度线与预浸料0°基准平行放置。使用裁纸刀按样板铺层轮廓线进行下料，如图 3-5 所示。采用下料样板下料 45° 方向的修补料片。

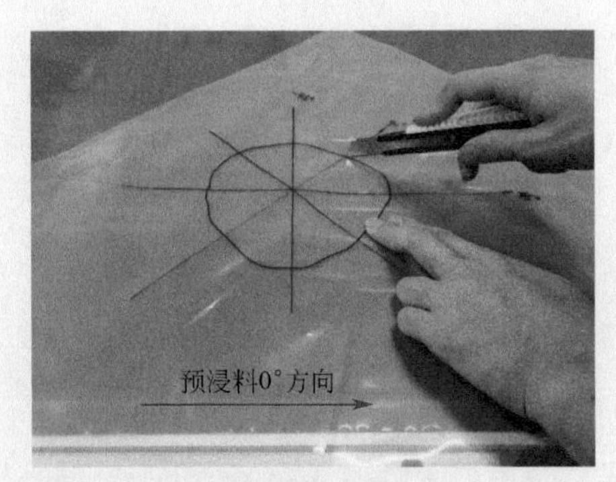

图 3-5 采用下料样板手工下料

3.3.3.2 自动下料

在大量生产时，裁剪应考虑用机械化甚至计算机控制，即精确地裁剪每一层预浸料，这样既保证尺寸的精确度又大大提高了工效。

使用自动下料机（图 3-6），需要采用专业的复合材料设计制造软件（Fiber SIM 或 CATIA CPD 模块）将复合材料结构各铺层展开形成平面或近似地展开成平面，然后将展开的平面铺层转化成适用于自动裁切机使用的铺层数据文件，采用自动裁切机进行预浸料的平面切割。

自动下料前，应将料片平整铺放在下料台上，核实料片 0° 方向。

料片下料完毕后，将料片整理并确认料片表面角度、铺层号等信息。每一铺层应标记零件图号及铺层号，以提供辨认。

图 3-6 自动下料机实物图

3.3.3.3 下料管理

（1）下料操作应在净化间进行；

（2）下料前应检查材料上是否有红标签，若有，应废弃两红标签之间的材料；

（3）手工下料或单面背衬的材料下料和搬运时，应戴干净的白棉手套；

（4）自动下料前检查料片吸附情况，必要时边缘使用压块；

（5）共用工作台时使用前和使用后应清洁干净，以避免交叉污染。

3.3.4 预浸料的退库

若领取的预浸料存在余量，则需按以下步骤将预浸料进行退库操作。

（1）将多余预浸料采用符合规范要求厚度的包装袋进行密封包装，密封时严禁料卷或袋内存在水汽，袋口采用腻子条或热封机进行封口；

（2）将密封完好的预浸料退回冷库，回库时记录材料回库时间、材料剩余外置时间等信息。

如果卷料的外置时间所剩不多，又不能一次全部用完，为了避免多次反复解冻对外置时间的耗用，可采取一次性套裁，裁好的预浸料分别装入不同的密封袋里放回冻库，需要使用某袋预浸料时，单独取出使用。

3.3.5 预浸料的转运管理

（1）材料不允许有皱褶、变形、污染，料片不得垂吊于平台边缘（图 3-7）。

（2）裁切好的料片应平放或者卷放，卷放时，芯轴直径应大于 10cm。

（3）若材料在非环境控制区域（净化间外）运输，必须保持密封并在规定时间内完成。

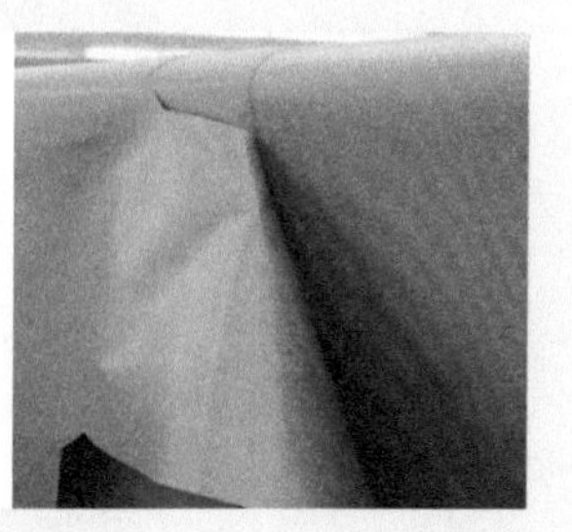

图 3-7　预浸料不允许的摆放方式

3.3.6 预浸料的使用管理

预浸料应在有效期内铺叠和进罐固化（图 3-8）。

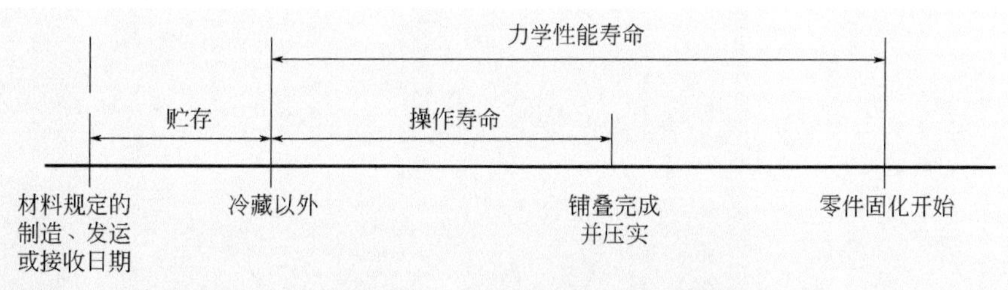

图 3-8　材料的力学性能寿命控制、操作寿命控制及贮存期示意图

本章小结

复合材料的质量在很大程度上取决于预浸料的质量，因此预浸料的质量控制至关重要。对于温敏性易变质预浸料的冷冻储存需严格执行解冻和退库要求，下料、转运和使用均有严格的质量控制。预浸料的下料分手工下料和自动下料两类，都必须控制铺层角度的准确性。

思考题

1. 简述预浸料的主要技术指标对复合材料制件质量的影响。
2. 冻库储存的预浸料解冻时应注意哪些事项?
3. 为什么要控制预浸料的外置时间? 如何避免外置时间的耗用?
4. 自动下料和手工下料有何不同，下料角度的准确性如何保证?

4

模具准备

科研试制或工业生产中的工艺装备，是指围绕产品加工、装配、检验、调试、试验、吊装、搬运零组件所用的夹具、模具和型架、试验设备、地面设备，以及标准模具、标准样件等。

模具是用来制作成型物品（包括金属、塑料、橡胶、玻璃、复合材料等）的工具，也称为工装。

本书主要介绍真空袋 - 热压罐成型复合材料零件的铺叠、成型模具。模具的基本作用有三个，零件赋形、固持定位及传递热量（图 4-1）。

(a) 零件赋形

(b) 固持定位

(c) 传递热量

图4-1　复合材料模具的三个基本作用

4.1 常见的模具类型

（1）阴模——用于外表面质量要求高的制品（图 4-2）；

（2）阳模——操作方便，易于控制（图 4-3）；

（3）对合模——外表面光滑、厚度准确；

（4）拼装模——用于尺寸大或结构复杂的制品。

图 4-2　阴模

图 4-3　阳模

4.2 模具的基本要素

4.2.1 模具的材料

复合材料制品对模具材料的要求如下：

（1）能确保制品的几何形状、尺寸、精度和外观质量；

（2）不影响树脂固化；

（3）容易脱模；

（4）使用寿命长；

（5）气密性好；

（6）温度场均匀性好；

（7）热容量小；

（8）价格便宜。

常见模具材料的性能见表 4-1。

表 4-1 常见模具材料的性能

材料牌号	屈服强度/MPa	热膨胀系数/K^{-1}	热导率/[W/(m·K)]	优点	缺点
Q235A钢	235	12×10^{-6}	36~54	成本低； 强度高； 硬度好	重，易生锈； 对零件固化变形影响较大
6061铝	124	23.6×10^{-6}	180	轻巧； 不易生锈； 热导率高	成本较高； 强度较低； 硬度较低； 对零件固化变形影响较大
Invar钢[a]	276	$<1\times10^{-6}$	26~32	强度高； 硬度高； 对零件固化变形几乎无影响	成本过高

a: Invar 钢（因瓦合金钢），是含有镍的铁合金，常温下具有很低的热膨胀系数。

此外，模具材料还有复合材料、镍等。

4.2.2 模具的组成

模具的组成主要包括模板、刻线、激光投影系统、真空系统、热电偶、随炉件放置区域、钻模板、框架、轮组、吊装与运输系统等。典型模具见图 4-4。

图 4-4　典型模具

4.2.2.1　模板

模板（图 4-5）厚度需兼顾热均匀性和刚强度，钢模具模板厚度通常为 10 ～ 12mm，铝模具通常为 12 ～ 15mm。模板工作区域内（余量线内）粗糙度要求通常为 0.8μm 以内，以保证表面质量。

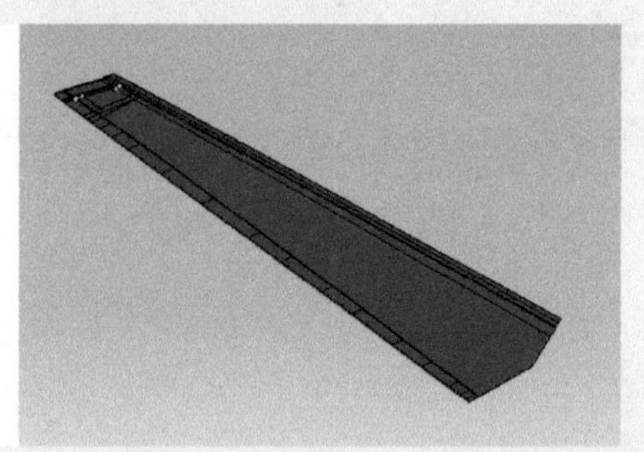

图 4-5　模板典型示意图

图 4-6　刻线典型图

4.2.2.2　刻线

模具上通常会刻的刻线有：余量线（图 4-6）、净边线、铺层角度线。净边线通常较浅、较窄。刻线的原则是尽可能少，余量线和净边线尽量只刻 1 条，以免弄混。若零件采用激光投影定位铺层，须明确数控铣切零件只刻余量线，手工切边零件只刻净边线。

由于模具固化时热变形，大型零件的实际净边与固化后净边线相差大，因此大型零件不得刻出净边线。如果要刻，需根据模具和复合材料的热膨胀系数及固化温度对模具的净边线进行缩放。

4.2.2.3 激光投影系统

如果零件不完全为全铺层，通常采用激光投影系统（图 4-7）定位料片。为保证定位准确，通常定位孔间距为 300 ～ 500mm。如果模具曲率较大，还需要在特征位置（如 U 形、V 形零件最低处，阳模最高处）设置尽可能多的定位孔；另外，在模板工作区域外刻出投影校准框，可方便随时检查铺叠时模具是否移动。

图 4-7 激光投影系统示意图

4.2.2.4 真空系统

（1）导气装置 通常为“导气槽 + 导气压板或导气链条”的形式（图 4-8）。导气压板反复进罐后易变形，导致难以安装，不建议使用。

(a) 导气压板

(b) 导气链条

图 4-8 导气装置

（2）普通型真空嘴（明嘴） 放置普通型真空嘴（图 4-9），在零件余量外留出

图 4-9 普通型真空嘴和真空表示意图

足够的平整区域即可。真空嘴基座直径 60 ～ 70mm，考虑到封袋，通常留出平整区域约 170mm。通常每平方米设置 2 处真空接口（1 抽 1 检）。

（3）导气槽型（暗嘴） 底板下真空管路设置需尽可能均匀。施加真空位置与检测真空位置需对称设置，且相距尽可能远。然后分别并联，引至模具一侧。通常每平方米设置 2 处真空接口（1 抽 1 检），（图 4-10）。

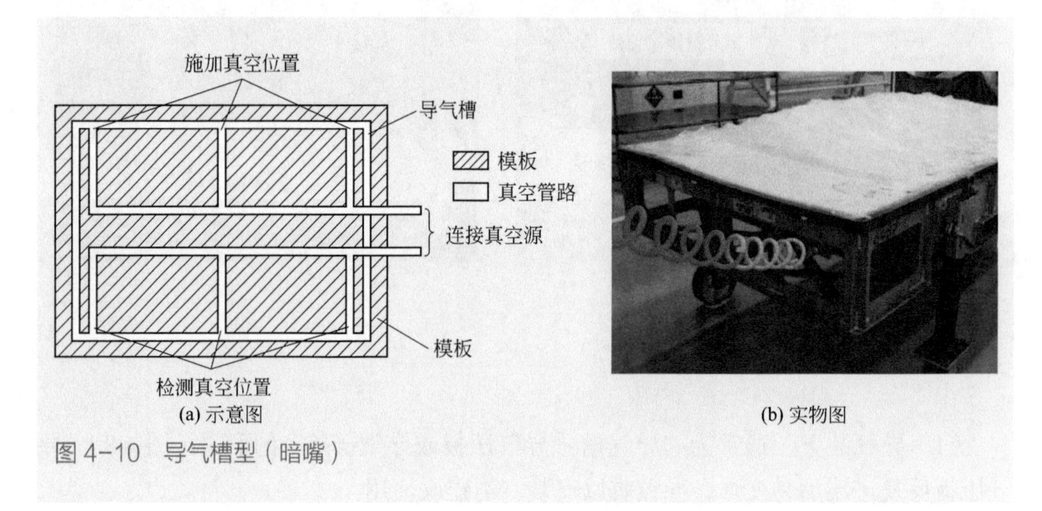

图 4-10 导气槽型（暗嘴）

4.2.2.5 热电偶

（1）零件上热电偶 如图 4-11 所示。

（2）模具上模拟热电偶 热分布测试（TP）时，发现有领先或滞后热电偶位置在零件上，需要安装模拟热电偶（图 4-12）。通常安装在模具模板背面。建议永久固定。

图 4-11 零件上热电偶

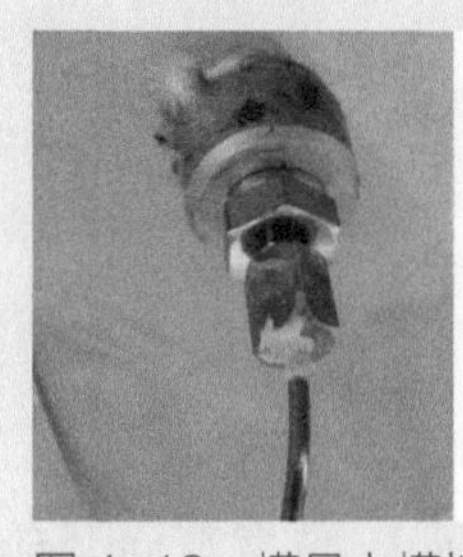

图 4-12 模具上模拟热电偶

4.2.2.6 随炉件放置区域

随炉件是复合材料制件质量的强度试验件。除特殊规定外，每一件复合材料制件必需带有相应的随炉件。随炉件需与零件同袋或同炉固化（可以不在同一块模板上同袋固化）。由于随炉件区域为平面，升温较快，所以随炉件位置需放在罐尾。不建议将随炉件区域设置为凸台或凹槽。模具上的随炉件放置区域见图 4-13。

图 4-13 模具上的随炉件放置区域

4.2.2.7 钻模板

钻模板是用于零件脱模前钻制定位孔的模具附件，分跳水板型和龙门架型两种。

（1）跳水板型钻模板（图 4-14） 适用于零件边缘钻孔，轻巧方便易安装。如果制件钻多个定位孔，基座和跳水板均需编号且一一对应，最好有防错设计。

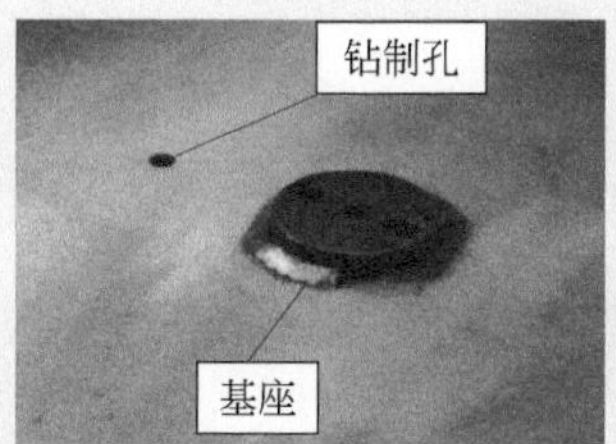

图 4-14 跳水板型钻模板

（2）龙门架型钻模板（图 4-15） 适用于零件中部的钻孔。采用“插销 + 螺栓”固定，为防错，插销与螺栓不得关于钻制孔中心对称。基座和跳水板均需编号且一一对应。材质可选择铝材。

4.2.2.8 框架

框架（图 4-16）主要作用为支撑模板，保证型面。框架尽量不要过高，过高的框架一是重量较大，二是造成模具体积过大，不利于存放和多件进罐。为有利于传热和模具在固化过程中的热均匀性，框架需保证各个方向连续通畅（尤其是热压罐内气流方向），通常会在框架上开孔。

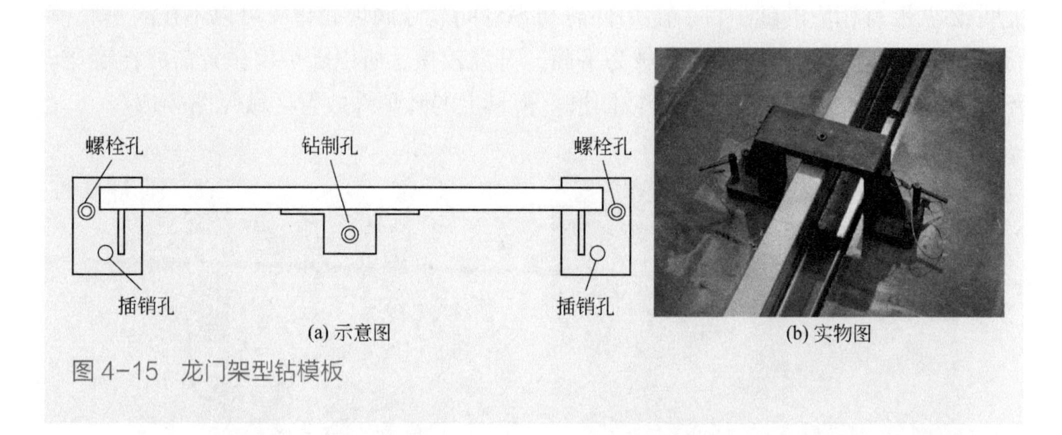

图 4-15　龙门架型钻模板

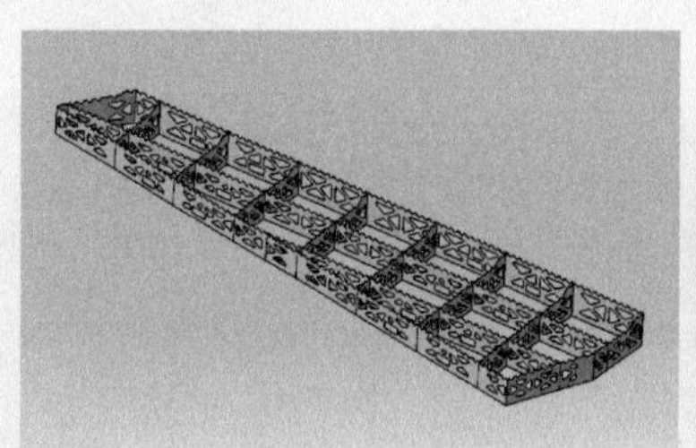

图 4-16　框架典型示意图

4.2.2.9　轮组

模具的轮组（图 4-17）要求标准化较高，可互换，拆装及保存方便且安全。为方便工人操作，轮组的高度应保证模具操作高度为 80 ～ 90cm。轮组需带有制动装置，防止铺叠时模具移动。

图 4-17　模具轮组示意图

模具最理想的状态应该是无轮组，由自动引导装置（AGV）或叉车转运，铺叠时放置于可调节高度的平台上。

4.2.2.10 吊装与运输系统

模具设计时需考虑吊装及运输需求，在模具上设置吊耳和牵引环，以及叉车孔，方便运输（图 4-18）。如果不使用叉车孔，叉运模具会造成模具颠簸，损坏模具。但叉车孔一定程度上会影响模具的热均匀性。

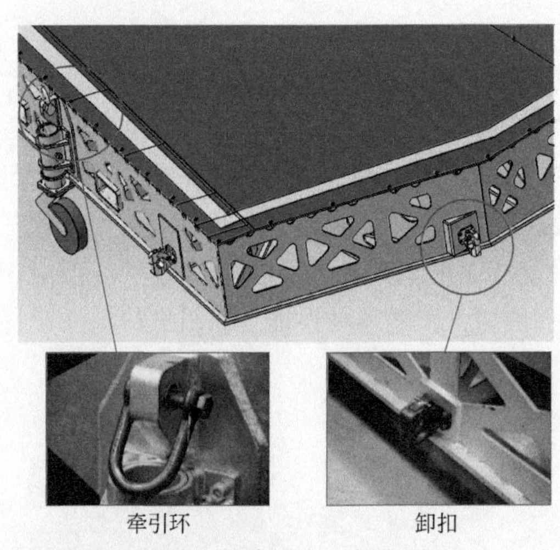

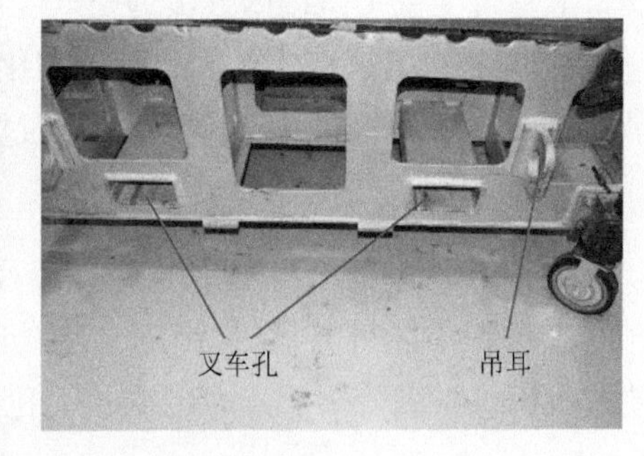

图 4-18 吊装与运输系统示意图

4.2.3 模具的特殊要求

4.2.3.1 气密性

真空袋 - 热压罐成型法在零件固化过程中若出现漏气，会导致孔隙、分层等故障，也会影响零件表面质量（图 4-19）。因此，这种成型工艺对复合材料模具的气密性提出了一定的要求。

（1）静态检漏（常温气密）

① 波音要求：封袋，施加 -24inch Hg（1inch Hg=3386.39Pa）的真空，保持 20min 后，断开真空，记录真空下降值。50ft^2（1ft^2=0.093m^2）以下的模具，5min 内真空

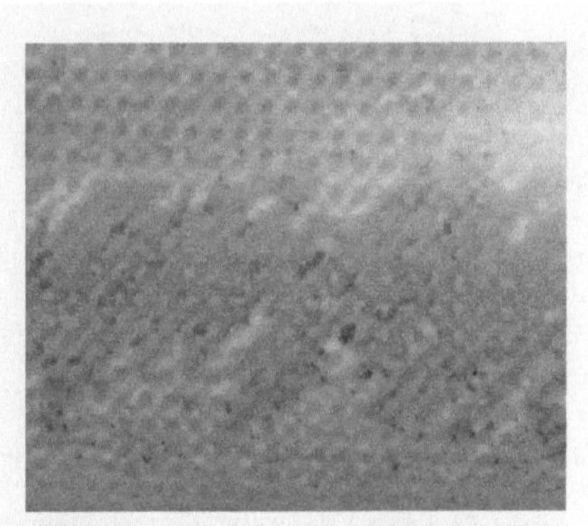

图 4-19 模具漏气导致零件表面的质量问题

下降不超过 2inch Hg；50 ～ 100ft^2 的模具，10min 内真空下降不超过 2inch Hg。

② 空客要求：无明确要求。通常做法为：封袋，施加 -66kPa 的真空，保持稳定后，记录真空下降值。2min 内真空下降不超过 6.6kPa。

③ 国内要求：封袋，施加 -0.09MPa 的真空，保持 20min 后，断开真空，记录真空下降值。5min 内真空下降不超过 0.004MPa。

（2）动态检漏（高温气密）

① 在袋内封装一层玻璃布预浸料。进罐按零件固化程序固化，出罐后观察玻璃布上是否变色（需罐内气体为空气）。

② 封袋，进罐按零件固化程序固化，到固化平台恒温半小时后，断开真空，记录真空下降值。5min 内真空下降不超过 0.03MPa。

4.2.3.2 温度均匀性

复合材料模具本身的形状厚度以及在热压罐里所处的位置不同，会导致模具在升温过程中各处升温速率不同。如果模具温度均匀性差，会导致零件升温时温差过大，难以满足升温速率要求，固化不均匀，影响零件性能。模具温度分布见图 4-20。

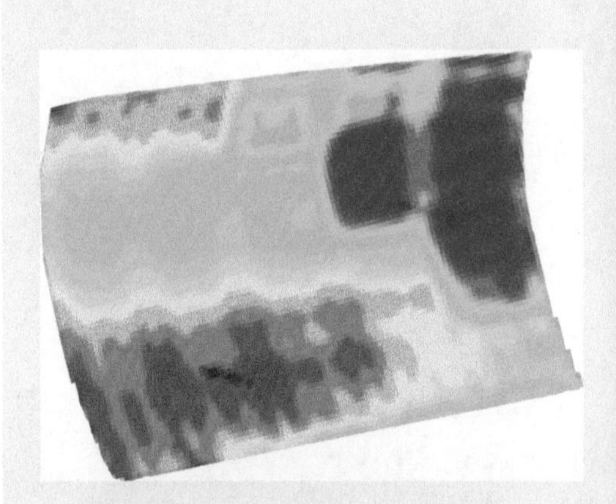

(a) 设计时验证(仿真模拟)

(b) 制造后验证(模具热分布)

图 4-20 模具温度分布

复合材料制件温度均匀性测试见本章末的“延伸阅读”。

4.2.3.3 安全性

模具设计时须充分考虑人、物及设备的安全需求，消除安全隐患。复合材料模具体积大，重量大。模具安放不稳造成的滑落，以及卸扣断裂、轮组插销脱落等造成的模具倾倒都会危及人身安全。

4.3 模具使用前的准备

模具使用前的准备应在净化间外进行，准备完毕应尽快放入净化间内。

4.3.1 模具清理

清扫模具所有表面（包括框架内），去除模具型面上的杂物及灰尘，保证模具表面干净整洁。

对于连续投产的使用脱模布的模具，应检查上次使用的脱模布的粘贴质量，如存在褶皱、气泡、破损或表面污染等现象，应进行更换。

对于首次使用或表（型）面油封的模具，应用不起毛的抹布蘸 180# 清洗汽油清洗至抹布表面无污渍，晾置至少 30min，然后用不起毛的抹布蘸丙酮或丁酮（又称 MEK、甲乙酮）清洗模具型面至抹布表面无污渍；对于表（型）面有脱模布或没有油封的模具直接用不起毛的抹布蘸丙酮或丁酮清洗模具型面至抹布表面无污渍。

确定模具边缘粘贴腻子条的部位，用 2# 砂布打磨粗糙面至表面有金属光泽，然后用不起毛的抹布蘸丙酮或丁酮清洗模具型面至抹布表面无污渍。

4.3.2 粘贴脱模布

对于单曲率且曲率比较小的模具，一般采用粘贴脱模布的方式。

对于要求贴出零件外形线或余量线的应先将脱模布裁剪成宽约 10mm 的条带，然后以长度方向的一边对准模具刻线（留线）由内向外撕掉背衬纸，粘贴在型面上、压紧，粘贴过程中应确保脱模布不滑移；粘贴完成后应仔细检查，确保刻线与脱模布边缘留线对准。

如果采用数控铣切零件边缘，不需要靠零件贴模面的零件外形线印痕来手工切割，则不需要在模具上用脱模布贴出零件线或余量线。

产品制造工艺文件要求对于整个型面粘贴脱模布的，应先按上述要求贴出零件线或余量线，然后按照需要粘贴的型面大小周边放大约 10mm 裁剪下料，将脱模布背衬纸朝向型面，预定位在模具型面上，逐渐由定位处撕去背衬纸，边撕边粘贴压实赶平以避免裹气（图 4-21）。对于依靠脱模布自身变形无法平整粘贴的复杂型面区域，应采用拼接的形式进行粘贴，拼接应采用对接形式，对缝应不超过 0.5mm，对于有气泡的区域应用针刺破以排除气体。脱模布铺叠完成后，应按要求封装真空袋，施加真空至少 20min 以保证贴合压实。

脱模布破损时允许进行修补。首先确认需要修补的区域，裁剪去除破损的脱模布，并清洗修补区域；然后在修补区粘贴脱模布，脱模布修补片应大于待修补区域；最后压平脱模布修补片，按修补区域裁剪去除多余修补片。

4.3.3 脱模剂施工

对于形状异形且曲率较大的模具，一般采用涂抹脱模剂（图 4-22）的方式。

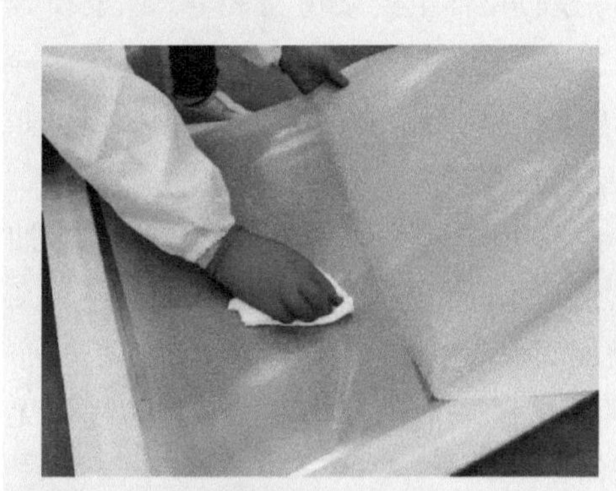

图 4-21 粘贴脱模布示意图

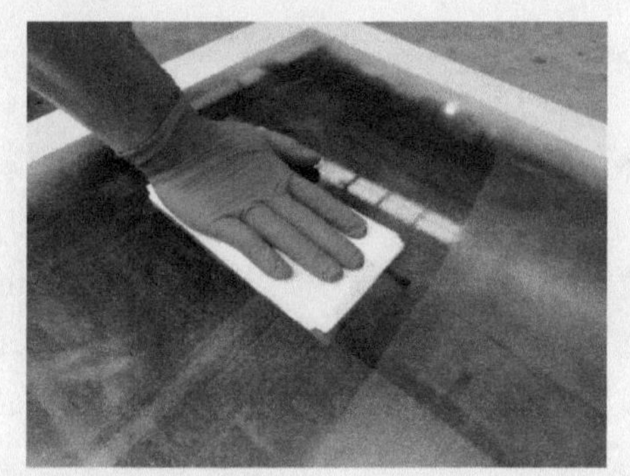

图 4-22 涂抹脱模剂示意图

4.3.3.1 首次施工脱模剂

清洗模具的待施工表面，然后进行脱模剂施工：

模具表面温度不低于 18.4℃，且无水分，使用干净的刷子或擦布刷涂薄薄的 3 层，对后一层脱模剂施工时，应采取与上一层垂直的方向，不允许将脱模剂直接倒置在模具表面上，如刷涂过量应从模具表面上擦除，相邻两层之间至少在空气中干燥 15min。

脱模剂施工后在室温条件下风干至少 30min，然后固化。固化条件：

① Frekote 44NC❶ 在（121 ± 5.5）℃下至少固化 30min；

② Frekote 48NC❶ 在（121 ± 5.5）℃下至少固化 15min 或者 18.4℃以上至少固化 3h。

除非有特殊规定，应尽量采用高温固化的方式。

4.3.3.2 再次施工脱模剂

再次施工脱模剂前，模具不需打磨和用溶剂清洗时，直接在模具待施工表面涂刷一层脱模剂即可。如模具准备时已将脱模剂层除去（在模具表面刮去或挖去），

❶ 国外脱模剂牌号。

则在这些区域增加一层脱模剂。

固化要求：仅施工一层的模具在 18.4 ～ 48.8℃下至少空气干燥 30min。多施工一层需额外增加 30min。当施工层数大于等于三层时，按照首次施工脱模剂的要求进行固化。

再次施工脱模剂前，模具需打磨的，打磨后的模具按首次施工脱模剂施工。

4.3.4 水基脱模剂

DEPARTURE（脱模剂）：一种水基型脱模剂，用于隔离先进复合材料与模具，使制件更易于与模具分离。高滑度，适用于型面平缓、曲率小的模具型面和含胶量高的预浸料。

1070W（脱模剂）：一种水基型脱模剂，用于隔离先进复合材料与模具，使制件更易于与模具分离。高滑度，适用于对施用速度要求较高的低黏性预浸料和曲率大、异形的模具型面。

水基型脱模剂及配套使用的水基型模具表面清洗剂、封孔剂的施工应按相应的规范进行操作。

延伸阅读

复合材料制件温度均匀性测试

复合材料制件热分布测试的目的，是证实零/组件的升、降温速率和固化温度在相关规范要求的范围内，并在模具或零/组件余量区找出合适的热电偶位置，用来代表零/组件在升降温过程中温度超前和滞后的位置。

一、定义

（1）热分布　热分布测试过程中，在制件和模具上的选定位置上生成温度-时间记录的程序。这些温度记录用于在模具或制件余量区，挑选出代表制件上温度超前和滞后位置的热电偶，以确保制件的升温速率、固化温度、固化时间和冷却速率满足规范要求。

（2）超前热电偶　最先进入或最先离开恒温平台的热电偶，展示出最快的升温或降温速率。

（3）滞后热电偶　最后进入或最后离开恒温平台的热电偶，展示出最慢的升温或降温速率。

（4）制件热电偶　放置在工程定义制件中（净切割线以内）的热电偶。

（5）模具热电偶　位于制件净切割线以外的热电偶，安装位置包括制件余量区、模具结构上或固定的空气热电偶。

（6）替换性热电偶　对于模板制件区域内的热电偶，需要在工装背面或真空袋上放置热电偶（加隔热垫）用以模拟制件区域内的热电偶，这种热电偶称为替换性热电偶。

二、测试热电偶的选择

制件超前热电偶位置的选择，应该放置在制件内部可能的最快加热区域。这些区域包括但不限于：

❖ 制件型面最薄处；

❖ 制件凸起最高点；

❖ 靠近罐门的边缘或角落处；

❖ 靠近罐门的蜂窝芯倒角边缘。

模具超前热电偶的位置，应该放置在模具表面或底部、真空袋、均压板等可能的最快加热区域，包括但不限于：

❖ 模具工作型面最薄处；

❖ 模具的凸起最高点；

❖ 模具对应制件的最薄处。

制件滞后热电偶的位置，应该放置在制件内部可能的最慢加热区域。这些区域包括但不限于：

❖ 制件型面最厚处；

❖ 制件凹陷最低点；

❖ 靠近罐尾处；

❖ 最厚蜂窝芯靠近模具型面中心处；

❖ 制件的中心处。

模具滞后热电偶的位置，应该放置在模具表面或底部、真空袋、均压板等可能的最慢加热区域。这些区域包括但不限于：

❖ 模具工作型面最厚处；

❖ 模具凹陷最低点；

❖ 模具对应制件的最厚处；

❖ 模具下方气流受阻隔的区域或模具质量最大的区域。

三、热分布测试

开展热分布测试，是按照工程图纸及相关技术条件要求铺叠复合材料制件，再根据上文所述的原则在制件上和模具放置热电偶，若无特别要求，应当以离罐门最近的制件区（含余量）和模具边缘为起始点，以500mm×500mm的间距放置制件热电偶，确保每处至少放置2根热电偶以防止试验过程中热电偶失效，具体位置如图 4-23 所示。放置模具热电偶的目的是为了挑选出尽可能接近制件超前或滞后热电偶的替换性热电偶。模具热电偶一般放在蜂窝芯下热电偶相同位置的模具背面。这些替换性热电偶的上面和下面可放置不同厚度的隔热垫，建议隔热垫为几层 8mm×8mm 的玻璃纤维织物，记录隔热垫的材料、层数及放置情况。

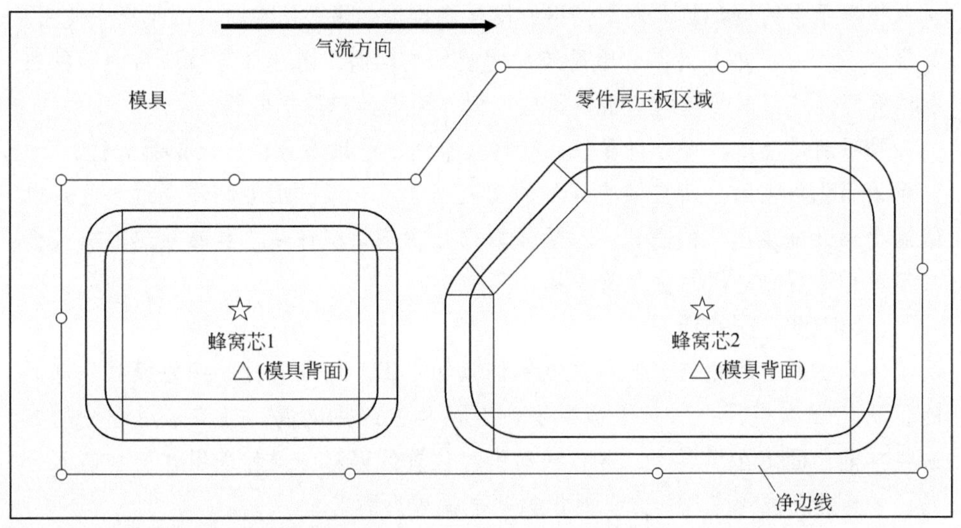

图 4-23　热分布热电偶放置示意图

○—建议的制件边缘热电偶的放置位置（净边线外约 12.5mm）；

☆—建议的制件蜂窝芯下热电偶的放置位置（蜂窝芯和贴模面胶膜之间）；

△—建议的模具热电偶放置位置（按需放置不同层数隔热层）

进行制件热分布测试时，封袋辅助材料的种类及放置方式应该与实际制件制造保持一致；按确定的放置方向将模具置于热压罐中，记录模具在热压罐中的方向以及气流方向。固化开始前，检查每根热电偶线路为接通状态，记录热电偶的位置、编号、连接的通道及隔热垫的层数和放置情况。

固化过程中除保温时间可缩短至不少于 60min 外，其余按照制件适用规范的固化要求进行操作。在整个周期中，以不大于 10min 的间隔记录所有热电偶的温度值。

四、数据分析

确认所有的热电偶除保温时间外满足适用规范的固化要求；确定用于生产的超前和滞后热电偶的位置。

（1）选择最先进入恒温平台的制件热电偶作为制件超前热电偶。

（2）选择最后进入恒温平台的制件热电偶作为制件滞后热电偶。

（3）确认是否有可接受的模具超前热电偶。找出所有比制件超前热电偶更快进入恒温平台的模具热电偶，找出的模具超前热电偶必须在随后的生产中使用。如果有多于一根热电偶领先于最超前的制件热电偶，则选择与最超前的制件热电偶升降温速率最接近的那根模具热电偶作为模具超前热电偶。

（4）确认是否有可接受的模具滞后热电偶。找出所有比制件滞后热电偶更慢进入恒温平台的模具热电偶，找出的模具滞后热电偶必须在随后的生产中使用。如果有多于一根热电偶滞后于最滞后的制件热电偶，则选择与最滞后的制件热电偶升降温速率最接近的那根模具热电偶作为模具滞后热电偶。

如果不满足上述数据分析要求，则热分布测试结果不合格，应重新进行。

对于固化数据的分析应该有详细的图表来展示升温、恒温和降温过程的热电偶温度及升降温速率的变化。然后按数据分析确认制件超前和滞后热电偶或模具超前和滞后热电偶的位置及编号。

五、热电偶位置的标识

应将分析获得的超前、滞后热电偶位置纳入工艺指导文件，并将模具热电偶的位置标识在模具上。对于需要安放至模具上的热电偶，应该采用合适的方法将热电偶固定在模具上，防止松动引起位置的偏离，推荐采用螺栓和嵌入金属、复合材料或陶瓷块的方法对模具热电偶进行固定。

六、特殊情况

根据复合材料制件的实际情况，若满足以下条件，不需要通过实施热分布测试来确认超前热电偶和滞后热电偶的位置：

（1）尺寸小于1m的简单制件，应在制件边缘余量区任意两个对角处放置热电偶。

（2）直接在无框架结构的铝质平板上铺叠的复合材料制件（夹芯制件蜂窝芯厚度≤25mm或层压板区域厚度≤5mm），应在制件边缘余量区任意两个对角处放置热电偶。

（3）只生产一次的复合材料制件。

（4）如果制件尺寸、材料、结构、制造工艺相似，且相应模具的材料、结构也相似，可以按照类型划分制件族，热分布测试只需在同一类型制件族中选取一个完成测试即可。

（5）结构、材料完全一致的复制模具。

本章小结

复合材料制件所用模具在复合材料真空袋－热压罐成型工艺中具有举足轻

重的作用。本章介绍了复合材料成型模具的主要类型、基本要素，尤其是对模具的基本组成和气密性、热均匀性等特殊要求作了详细的阐述，并针对模具使用前准备工作的主要内容，重点讲述了模具粘贴脱模布和涂刷脱模剂两种准备方式。

思考题

1. 复合材料成型模具主要有哪几种类型？各有什么特点？
2. 复合材料模具的材质主要有哪些？各有什么优缺点？
3. 复合材料模具的组成要素有哪些？各起什么作用？
4. 复合材料模具的气密性和热均匀性有何要求，如何测试？
5. 脱模布和脱模剂一般使用于哪一类模具？如何施工？
6. 模具热分布测试的目的是什么？怎么测？

5

样板、软模制作

5.1 样板制作

在采用激光投影系统定位料片进行复合材料铺叠以前，通常是根据产品图纸对铺层的要求或直接利用模具上的型面和刻线，用透明聚酯薄膜制作下料或铺叠样板。其中包括铺层编号、铺层角度、铺层临界线以及一个统一的坐标。

虽然采用激光投影系统后，样板的使用已近乎消失，但在一些小的模具不方便安装激光投影定位孔的时候，特别是一些局部的修补需要对铺层料片的位置和角度进行定位时，仍然会用到样板。

样板制作过程如下：

（1）准备工作　清洗成型模具，不贴脱模布或喷涂脱模剂。按模具大小，准备厚度为 1mm 的聚酯薄膜作为样板材质。准备双面胶带、钢板尺、记号笔、划针、剪刀或裁纸刀等工具。

（2）样板固定　用剪刀或裁纸刀裁剪聚酯薄膜，并用双面胶带将聚酯薄膜定位到模具上。对于蒙皮类模具，样板大小应沿零件外形余量线外至少留 50mm 余量。对于肋类模具，样板大小应沿模具腹板外沿单边至少留 50mm 余量。

（3）制作蒙皮类下料铺叠样板　依据模具上的刻线在样板上用划针制出定位基准线、铺层角度线（模具上跨越工作面的角度线在样板上应连成一条直线上）、零件外形线、零件外形余量线，然后用记号笔标示所有刻线名称。

（4）制作肋类下料铺叠样板　依据模具腹板面上的定位孔及刻线，用划针在样板上制出定位孔、定位基准线、铺层角度线。

（5）标记所有铺层外形线　对于蒙皮模具，结合产品铺层图，用划针在样板上制出所有铺层截止线，如果铺层外形截止线为零件外形线，则应延伸至零件外形余量线，用记号笔标示出每一铺层的角度及铺层编号；对于肋类模具，结合产品铺层图，用划针在样板上制出所有铺层在腹板面上的截止线，如果铺层外形截止线为腹板两端的外形线，则应延伸至两端的零件外形余量线。

（6）贴标签　在制作好的样板总图上贴上标签，在标签上注明产品图号、制作者、制作时间；并将制作好的样板提交检验人员验收，验收合格后，检验人员在标签上盖章。标签用双面胶带粘贴，周边用蓝胶带固定。

样板制作注意事项：

（1）划针刻画的所有标志线应清晰可见，线宽度控制在 0.3mm 以内，并建议用记号笔涂色。样板角度线与模具角度线之间的角度误差控制在 $\pm 1^{\circ}$ 内。允许一个样板制作多个铺层，但应标识清楚。

（2）如果制件为平板件，无需在模具上制作样板，直接用聚酯薄膜在平台上以直尺、三角尺制作，当然这种样板已完全被自动下料所替代。

（3）如果没有自动下料机，应该如何利用样板进行手工下料呢？见第 3 章的 3.3.3 节。

5.2 软模制作

为了提高复合材料制件面的表面质量，通常在组装时安放工艺压板进行均压，平板件复合材料可以使用厚度为 1.5 ～ 2.0mm 的铝板按所需大小裁制，而带有型面的复合材料均压板则需要用 Airpad 橡胶和预浸料制成，通常被称为软模。

如果是等厚蒙皮，其软模的成型模，就是制造蒙皮零件的成型模；而肋类软模的成型模需要专用的软模成型模，若无专用的软模成型模，则需在肋类零件成型上套合过渡模（零件等厚假件），并粘贴脱模布。

软模制作步骤如下：

（1）按零件余量线再延伸 20mm，裁剪 Airpad 橡胶，揭去背衬，铺放在准备好的模具上。

（2）封制简易真空袋，真空预压 20 ～ 40min。

（3）将预浸料铺放在 Airpad 上，用熨斗垫无孔隔离薄膜压实，预浸料的大小必须超出 Airpad 橡胶边缘。

（4）将另一张同样大小的 Airpad 橡胶揭去背衬铺在预浸料上压实。

（5）使用刀片将外层 Airpad 橡胶划穿以利于透气。

（6）依次铺放一层有孔隔离布、透气毡，封装真空袋。

（7）进罐硫化。

（8）出罐，去除辅助材料，按单边大于余量线 5 mm 划线修边，取出软模。

（9）用记号笔在软模外表面标记模具号、零件名称。

（10）软模工作面要求完好平整。

本章小结

本章主要讲述复合材料下料、铺叠用样板及软模制作的主要步骤和注意事项。

思考题

1. 复合材料下料、铺叠用样板是如何制作的？
2. 复合材料固化用软模是如何制备的？

6

铺叠组装

6.1 铺叠工艺

复合材料的铺叠工艺指用手工或自动铺叠的方式，将预浸料（无纬布、编织物等）按预定方向和顺序在模具上逐层铺贴直至所需的厚度（或层数），经加温加压固化、脱模、修整而获得制品的过程。在铺贴时，纤维的取向、铺贴的顺序及层数可以按照等强度或等刚度原则，根据优化设计来确定。另外，还可以通过控制制品的含胶量来控制制品的厚度或重量。用计算机控制铺层程序或用机械手代替人工铺层，可以大大提高生产效率并获得铺层方向准确的高质量制品。

铺层工序应在净化间内进行。铺层表示法为每一层预浸料用表示纤维方向的数码表示。层与层之间（即码之间）用“/”线隔开。整个铺层再用 [ ] 号括起来。例如：[0° /90° /0°]。对于偶数对称铺层，为了简明表示，[ ] 内可以列出铺层的一半，此时，右下角注“S”，例如 $[0°/+45°]_S$ 其全铺层为 [0° /+45° /+45° /0°]，“S”表示对称一次。

6.2 铺层的特点

层合板设计的一般原则：

（1）均衡对称铺设原则　除了特殊需要外，层合板整体铺层须对称于中性面（图 6-1）同时遵守均衡性原则，即每一个 +45° 铺层对应一个 −45° 铺层，以避免拉 - 剪及拉弯扭耦合而引起固化后的翘曲变形。

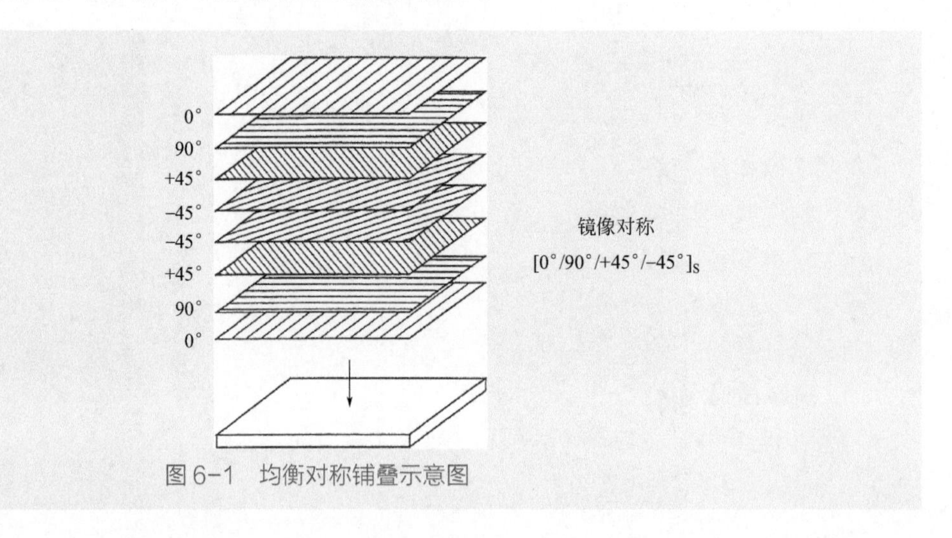

图 6–1　均衡对称铺叠示意图

（2）铺层定向原则　在满足受力的情况下，铺层方向数应尽量少，以简化设计和施工的工作量。一般多选择 0°、90° 和 +45°、-45° 四种铺层方向。并保证任一方向至少有 10% 的铺层比例。这个准则有多方面考虑：首先考虑垂直于主受力方向的泊松效应以及其它载荷直接作用在基体上，其次考虑损伤容限，最后还要考虑到将来可能需要对螺栓连接进行修补。

6.3 铺叠前的准备工作

（1）确认净化间是否符合要求，见第 3 章 3.3.1 节。

（2）工具准备（图 6-2）。

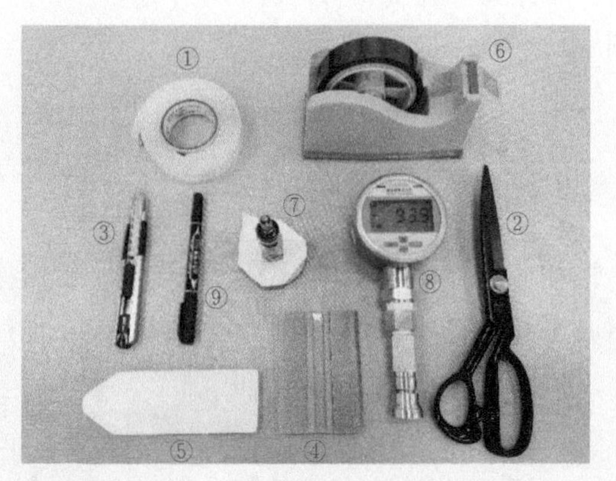

图 6-2　铺叠主要使用的工具种类

①腻子条；②剪刀；③美工刀；④刮板；⑤尼龙擀子；⑥高温胶带；⑦真空嘴；⑧真空表；⑨标记笔

（3）文件准备：铺叠操作应按工艺文件指令要求进行；检查材料、模具图号是否正确，预浸料外置时间是否满足。

（4）材料准备：接收已经解冻了的预浸料或已经下好的预浸料料片，料片只能平放或挂放，禁止折叠或弄皱预浸料，禁止原材料接触地面。

（5）模具准备：模具准备见第 4 章模具准备。

（6）调试激光定位仪。

6.4 铺叠

6.4.1 第一层为单向带铺叠

如果是采用铺叠样板定位的人工下料铺叠，第一层为单向带预浸料的零件，则裁剪下约 100mm 宽度的单向带预浸料，准备用于铺叠，确定该条预浸料条带的任一边作为定位边；按本铺层规定的角度要求在铺叠样板与铺叠模具之间放入预浸料条带，预浸料的定位边与铺叠样板的定位基准线对齐；然后撕去预浸料的背衬防粘纸。为方便铺叠操作，定位好的预浸料可以在其边缘采用压敏胶带固定在铺叠模具上。

在第一条带预浸料的侧边，铺叠第二条带。第二条带与第一条带之间必须对接，不能搭接，且不能存在对接缝，以目视检查没有对接缝为准。

按此方法铺叠完成整个第一铺层。

第一层铺叠完后，封装真空系统预压预浸料使其与铺叠模具紧密贴合。

6.4.2 第一层为织物预浸料铺叠

第一层为织物预浸料的零件，按相应的样板要求裁出织物预浸料，然后按模具上的铺层线或铺叠样板的标记线将其平整地铺贴在模具上，可采用电熨斗加热织物预浸料，增加织物预浸料的平整性，并使织物预浸料与模具更贴合。

第一层铺叠完后，封装真空系统预压织物预浸料使其与铺叠模具紧密贴合。

6.4.3 后续铺层的铺叠及拼接要求

铺叠后续铺层，按铺层的角度要求在铺叠样板与铺叠模具之间塞入预浸料条带，预浸料的纤维边缘与铺叠样板的定位基准线对齐。

铺层要求一层一层地铺贴，不允许一次铺贴多层。

无论是单向带预浸料还是织物预浸料，由于预浸料幅宽的限制，复合材料的铺叠有时需要预浸料进行拼接，其拼接按表 6-1 的要求进行。相同铺层角度的相邻层拼接缝相隔至少 25mm，每 5 层可以重复错开排列（见图 6-3）。在型面特别复杂的区域，预浸料难以铺贴贴模时，允许尽量沿纤维方向剪口，使其平整贴模，然后用同一种材料、同一种角度以对接的方式补齐缺口，对接间隙小于 1mm。

表 6-1 预浸料拼接要求

结构类型	预浸料类型		
	单向带		织物
	纤维方向	纤维垂直方向	
装配区	不允许拼接	不允许搭接；对接间隙小于1mm	不允许搭接；对接间隙小于1mm
非装配区			搭接宽度为13～25mm；不允许对接

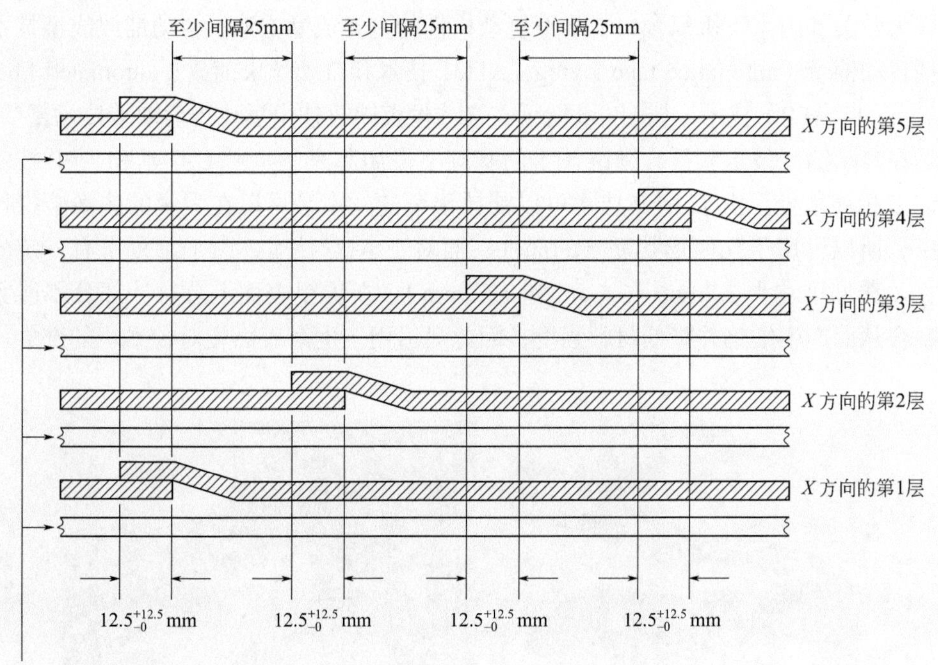

图 6-3 相同铺层角度的相邻层拼接缝间隔要求示意图

如果是采用自动下料和激光定位进行铺叠，需要按以上拼接要求事先在程序编制中体现这些原则。而铺叠过程中，无论是单向带还是织物预浸料，只需按激光定位的铺层边界线铺叠相应的料片（图 6-4），都比采用铺叠样板铺叠方便了许多。因此，随着复合材料制造技术的发展，自动化技术已快速并大面积地应用到复合材料

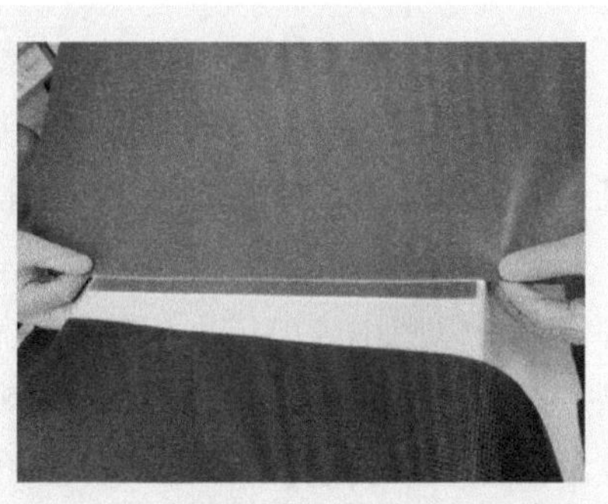

图 6-4 激光定位铺层边界线示意图

的科研生产中，甚至在一些大型或异形复合材料制件的铺叠中也采用了自动铺放技术。

6.4.4 自动铺放技术

由于传统手工铺叠的方法制备树脂基碳纤维复合材料时成型效率低，产品质量难以保障，美国空军实验室在20世纪60年代开始开发自动铺放成型技术。后来随着先进复合材料制造技术（advanced composite technology，ACT）计算机辅助设计（composite affordable initiative，CAI）等计划的实施而使该技术迅速发展，现在已经成为欧美等国家飞机复合材料大型复杂构件的主要成型方法。自动铺放成型技术包括自动铺带（automated tape laying，ATL）技术和自动丝束铺放（automated fiber placement，AFP）技术，如图6-5所示。自动丝束铺放技术远比自动铺带技术复杂，它是在自动铺带技术和纤维缠绕技术的基础上发展起来的。ATL技术和AFP技术有许多相同之处。由于AFP技术可以铺放很窄的丝束，可以在尖锐的曲面上操控丝束，所以可用于几何形状复杂的部件；而对于ATL技术，由于预浸带有一定的带宽（典型尺寸为3.2mm、6.4mm和12.7mm），在尖锐表面上总有一部分不能紧密贴合从而产生缺陷并降低材料强度，因此只适用于生产表面相对较平坦的部件。

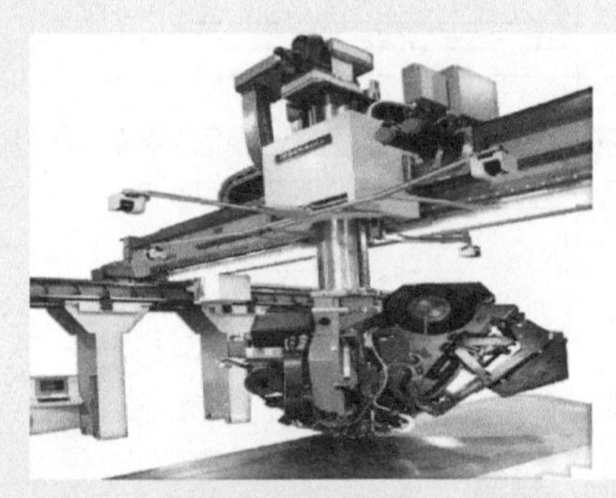
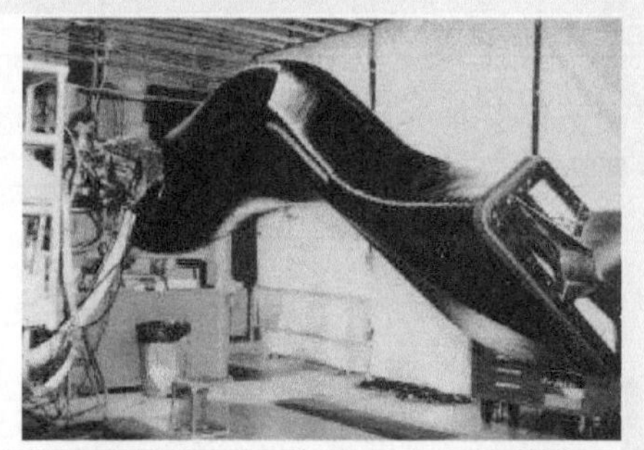
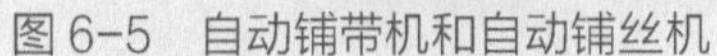
图6-5　自动铺带机和自动铺丝机

目前，国际上热固性树脂基碳纤维复合材料的ATL和AFP技术已经基本成熟。作为铺放高质量复合材料层压板的基本工具，ATL和AFP已经成为复杂的大型碳纤维-环氧树脂蒙皮和外壳生产中的标准程序，并正逐渐成为功能强大的自动化平台。

ATL技术的主要优点为：铺放速度快，所得材料的机械强度高，易于制造大型部件，可以使用高单位面积重量预浸料等；其缺点主要为：设备投资高昂，不宜成型复杂部件，废料率比AFP技术高等。热固性树脂基碳纤维复合材料的ATL成型技术已经用来制造各种部件，比如飞机尾翼、飞机蒙皮、中央翼盒等。热固性体系ATL设备的制造商主要有美国MAG集团的Cincinnati公司和ATK公司、西班牙

Mtorres 公司、法国 Forest Liné 公司（已被 MAG 集团收购）和德国 GFM 公司。

AFP 技术第一次商业化生产始于 20 世纪 80 年代后期，到 90 年代中期 AFP 技术的生产初具规模。虽然 AFP 技术的生产效率较 ATL 技术要低，但适于生产结构复杂部件，目前主要用于制造军机和航天器的部件 。对于热固性体系 AFP 技术而言，现今其主要课题为提高铺放效率和降低设备费用。目前世界上主要的热固性体系 AFP 设备商主要有美国 Automated Dynamics 公司、Accudyne 公司、MAG Cincinnati 公司和 Foster Miller/ATK 公司、西班牙 Mtorres 公司、法国 Forest Liné 公司（已被 MAG 集团收购）和德国 GFM 公司。

6.4.5 预压实

对于层数较多的厚叠层件或形状复杂的制品，在铺叠第一层与最后一层后，铺放夹芯材料之前与之后，以及每铺叠 3 ～ 4 层后，应有预压实工序。目的是为了排除截留在层间的空气并将叠层件压实使其更贴合模具，在不加温的情况下对叠层件进行一次或多次真空压贴。预压实过程中需要保证在距离抽气管路最远的位置上放置真空表接头，压实时真空度一般不高于 -0.09MPa，每次预压时间至少 15min。

预压实的辅助材料铺放顺序为：四氟布 - 无孔隔离膜 - 透气毡 - 真空袋。四氟布需贴合零件，复杂零件可开剪口使其不架桥。隔离膜应完全覆盖零件，不能让预浸料与透气毡直接接触。真空接头不允许放置在零件区，且接头下需要铺放足够的透气毡保证抽真空的效果。打完袋后，需要整理真空袋，保证真空袋可以密实贴紧零件或模具，使零件每个位置都受到真空压力。

6.4.6 修整铺层边缘

在铺叠过程中或铺叠完毕后，检查确认铺叠坯料的余量线的位置，用美工刀修整铺叠坯料的边缘，保证铺叠坯料平直，且边缘必须在铺叠的余量线以外。及时排除修整裁剪去除边缘后的修切屑，防止修切屑残留在零件上成为多余物。

6.4.7 保护铺叠坯料

未固化的铺叠坯料只能在密闭的状态下存放在净化间内，铺叠完成后及时封装真空系统保护，不得在自然状态下过夜。

6.4.8 铺叠的质量控制

（1）铺叠角度的准确性　铺叠时要准确定位。手工铺贴应严格按照预定的纤维方向，保证层与层的角度关系准确，否则会因纤维方向不准而使板材在固化后出现翘曲，也会影响制件的力学性能。通常织物预浸料的角度公差为 ±3°，单向带预浸料的角度公差为 ±1°。

（2）污染　预浸料污染是层压板分层的主要原因之一，人工铺叠离不开人的手与材料的接触，在整个施工过程中操作者佩戴干净的细纱手套或者其它规定的手套，禁止操作者裸手接触预浸料。

（3）夹杂、裹气　铺叠过程中，人为因素导致的夹杂、层间大量裹气时有发生，这些故障都可能会导致产品的报废。每铺叠一层，都要避免铺层内部夹杂了毛发、原材料和辅料边角料以及背衬纸等外来多余物，并细心排除层间的空气。可使用刮板沿纤维的方向或者织物的经向从铺层的中间往两边或者从一头往另一头铺贴擀平，避免裹入空气和纤维起皱。

（4）加温　铺叠时可用电熨斗或电吹风对已铺贴的预浸料加热，使其变软而具有较大的粘贴性，以便它可以随模具变形。但温度必须控制在 60℃以下，且禁止电熨斗在预浸料上停留，熨烫时在预浸料表面和电熨斗之间放一层无孔隔离布。另外，操作者的手是铺叠最好的熨斗，在均匀安全的温度下可任意随毛坯外形进行压贴和赶气，是任何高级的机械手都无法超越的。

（5）切割　当需要在已铺好的铺层上或模具余量线内进行切割铺贴新层时，要注意不得切断下面已铺好的铺层或划伤模具，可以使用已固化的玻璃纤维或碳纤维增强的环氧树脂层压板作为背衬板垫。

（6）借助擀棒，避免架桥和皱褶

6.4.9 如何避免架桥

复合材料架桥，是指复合材料在阴角铺叠的时候，由于料片不贴模或辅助材料放置不当而造成的在阴角部位料片未随模具型面贴实，铺层与模具或铺层与铺层之间存在间隙，树脂流动产生阴角区局部富胶超厚甚至零件贴模面外观凹凸不平的现象（图 6-6）。

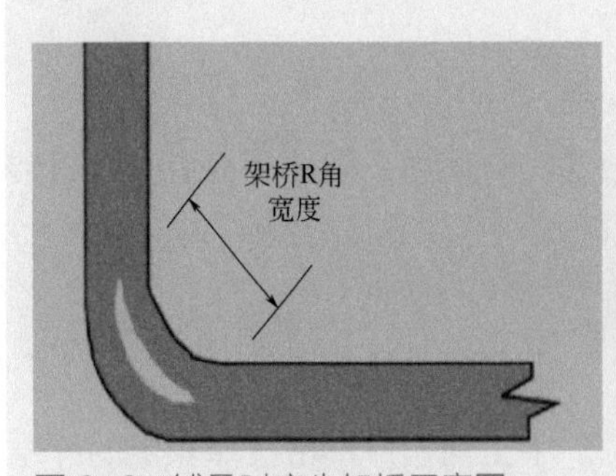

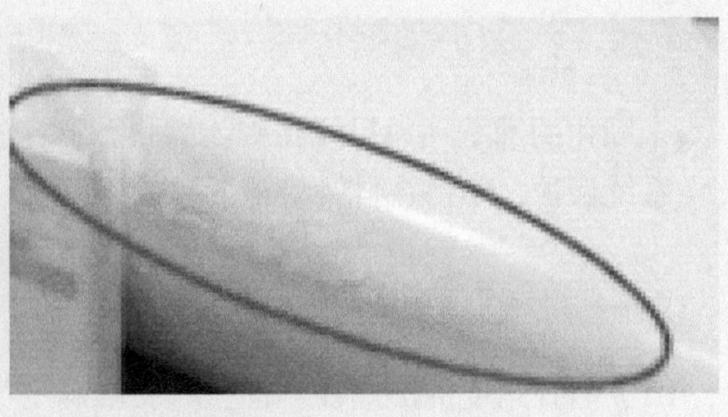

图 6-6　铺叠时产生架桥示意图

避免架桥，可采取以下措施：

（1）铺叠时使用擀棒使料片完全贴实模具的阴角型面。

（2）使用电吹风或熨斗提高预浸料温度，使其变软，改善料片的铺覆性，更容易随模具变形。

（3）增加预压实次数，必要时采用热封压，使料片更加贴实模具。

（4）避免辅助材料在阴角处铺放不足。

6.5 组装封袋

铺层件采用真空袋加压固化，压力通过袋子加到铺层上面，所以装袋是铺层工艺的关键工序。有的制件虽然铺贴质量很好，但由于装袋操作欠妥而造成制品报废。装袋是一项技术性很强的操作，不仅将铺层件装入，有时还要在铺层件外覆盖吸胶材料来吸收固化时挤出的多余树脂。口袋与模具周边要严密贴合不能漏气。装袋完毕，需缓缓抽真空，通过观察真空度下降的快慢来检查系统的气密性是否符合要求。

6.5.1 组装封袋典型图

封袋是将铺叠好的复合材料坯料和模具工艺辅助材料组合在一起，图 6-7 为典型的复合材料层压板成型用工艺组合。

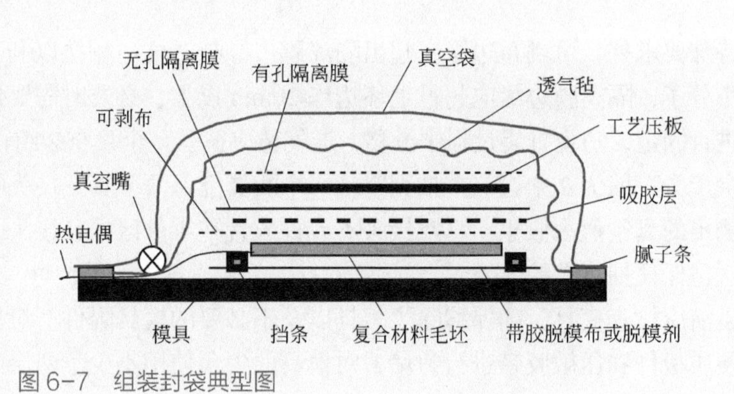

图 6-7　组装封袋典型图

图 6-7 中各辅助材料的作用：

（1）模具：起下压板作用；

（2）脱模布（或脱模剂）：便于脱模；

（3）边缘挡条：控制流胶和零件厚度；

（4）可剥布：平整毛坯表面，让预浸料叠层中多余树脂和残留气体通过，进入吸胶层，同时防止固化后的零件和其它辅料黏结；

（5）吸胶材料：吸取坯料挤出的余胶，以控制复合材料的纤维体积含量；

（6）无孔隔离膜：防止吸胶材料与工艺压板粘连，保护工艺压板工作面；

（7）工艺压板：均衡压力，改善制件的贴袋面外观质量；

（8）有孔隔离膜：防止透气毡与工艺压板粘连；

（9）透气毡：在袋内形成气路，利于抽真空；

（10）真空袋：将坯料和辅料形成真空系统；

（11）密封腻子条：将真空袋与模板密封；

（12）真空嘴：使组合件与真空管路相连；

（13）热电偶：显示固化过程中毛坯的实时温度。

6.5.2 封装真空袋注意事项

（1）在制袋过程中，使用涂有脱模剂的金属均压板时，如果均压板盖住了所有树脂可能渗漏的区域，则不需要隔离膜，否则需要使用隔离膜；若使用 Airpad 橡胶片或其它柔性模具材料的均压板，则必须使用无孔隔离膜隔离均压板与零件。

（2）真空袋薄膜的褶皱通常会传递至零件表面，须避免不必要的真空袋褶皱，使零件表面的真空袋尽量平整。若需要利用褶皱帮助真空袋更好地贴合零件外形，应尽量减小褶皱位置对零件表面的影响，或另加衬垫以防止褶皱传递至零件表面。

（3）除特殊要求外，可剥布边缘应超出隔离膜边缘与透气毡相接以利于导出制件毛坯中的小分子，隔离膜边缘应超过毛坯边缘 20mm 以上，必要时需要使用耐高温压敏胶带进行固定，防止打袋过程中滑移，透气毡应覆盖整个真空袋组件。

（4）真空接头一般为 2 个，一个抽真空，一个测真空，两个真空接头距离应尽量远以防止测出的真空值为假象。真空接头不允许放置在零件区，且接头下需要铺放足够的透气毡保证抽真空的效果。

（5）制袋前应检查模具，确保移除了工具以及不必要的模具附件。对模具上的孔，应使用硬质板件和压敏胶带进行封堵，对模具的尖角使用不少于两层的透气毡包覆。真空袋在零件或模具的 R 角区或凹陷处等容易产生架桥，需要多次整理真空袋，保证真空袋可以密实贴紧零件或模具，以防止高压下真空袋破裂。

6.5.3 复合材料成型用辅助材料

（1）脱模布　脱模布［图 6-8（a）］是一种为使制品与模具分离而粘贴于模具成型面的带胶聚四氟乙烯布。其功能是使制品顺利地从模具上取下来，同时保证制品表面质量合格和模具完好。现在普遍使用的进口脱模布为 Saint-Gobain 公司的 100-3S 和 Airtech 公司的 TooltecA005。国产脱模布也开始逐步面市，但性能还不够稳定。

（2）脱模剂　脱模剂［图 6-8（b）］是一种为使制品与模具分离而附于模具成型面的物质。其功能是使制品顺利地从模具上取下来，同时保证制品表面质量合格和模具完好。常用的脱模剂为 Henkel 公司的 Frekote 48NC/44NC。

(a) 脱模布

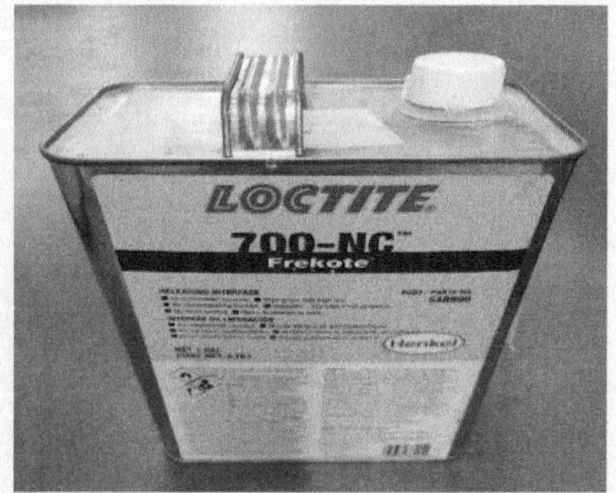

(b) 脱模剂

图 6-8　脱模布和脱模剂示意图

（3）橡胶片　Airpad 橡胶片［图 6-9（a）］是一种未固化非硅类橡胶，它可以切成条用在复合材料坯料的边缘以控制流胶和零件厚度；也能够制成均压板，用以改善贴袋面零件一侧的外观质量。两层 Airpad 橡胶片之间可以用预浸料增强以获得不同刚性的均压板。

（4）可剥布　可剥布［图 6-9（b）］铺贴于制件毛坯表面可以平整毛坯贴袋面，让预浸料叠层中多余树脂和残留气体通过，进入吸胶层，同时防止固化后的零件和其它辅料黏结。

（5）隔离布　隔离布（图 6-10）由聚四氟乙烯制成，分为有孔和无孔两种。有孔隔离布也是贴于毛坯表面用于平整毛坯，且让多余树脂和残留气体通过，进入吸胶层，并防止固化后的零件和其它辅料黏结。有孔隔离布与可剥布的区别在于有孔隔离布比较平整板硬，常用于平板件，而可剥布经纬稀疏比较松软，可随制件型面有一定的变形。无孔隔离布不能透胶，在平板模具上可替代脱模剂或脱模布。

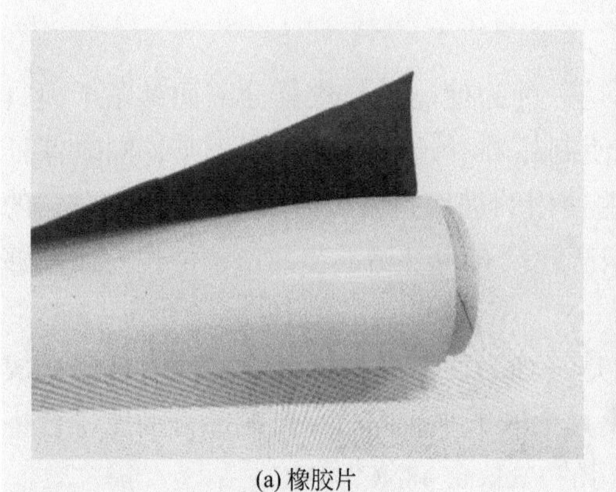
(a) 橡胶片

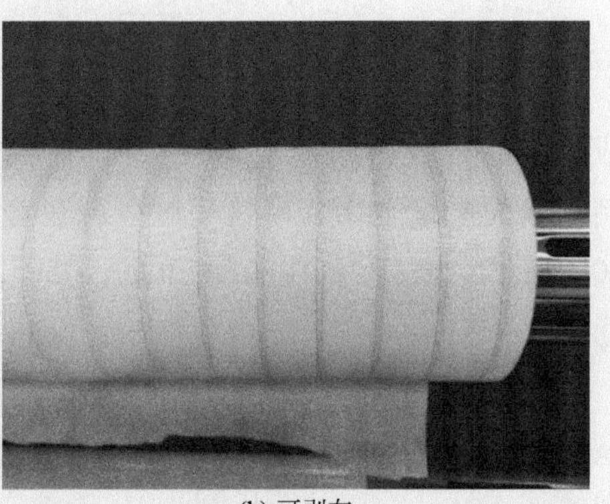
(b) 可剥布

图 6-9　橡胶片和可剥布示意图

(a) 有孔隔离布

(b) 无孔隔离布

图 6-10　隔离布示意图

（6）隔离膜　隔离膜（图 6-11）的用途是防止辅助材料与复合材料制件粘连，抑制流胶等。隔离膜也分为有孔和无孔两种，无孔隔离膜一般用于吸胶材料与均压板或透气毡之间，阻止树脂通过与透气毡相连出现溢胶，也可保护均压板工作面不被树脂污染；有孔隔离膜一般用于均压板与透气毡之间，防止透气毡黏结在均压板上。

（7）透气毡　透气毡如图 6-12 所示，是为了连续排出真空袋内的空气或固化成型过程中生成的气体而使用的一种通气材料。通常与无孔隔离膜并用，不直接与复合材料制件接触。

（8）真空袋薄膜　真空袋薄膜（图 6-13）是一种高温尼龙袋膜。它的用途是形成真空体系，具有良好的覆盖性，并在固化温度和高压下不透气。真空袋薄膜一般通过吹塑制成，厚度为 0.05 ～ 0.075mm，其伸长率可达 300% ～ 400%。典型的真空袋薄膜有美国 Airtech 生产的 DPT1000、WN1500 以及美国 Richmond 生产的 HS6262、HS8171 和 HS800 等。

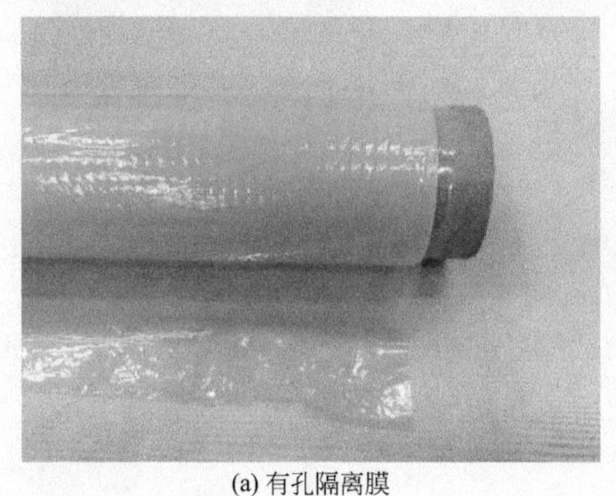
(a) 有孔隔离膜

(b) 无孔隔离膜

图 6-11 隔离膜示意图

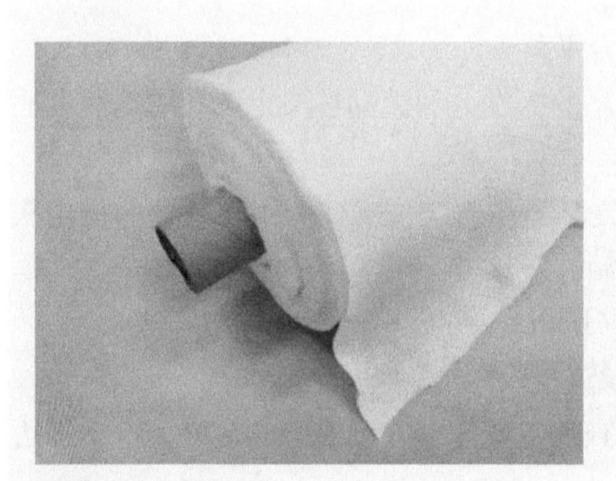
图 6-12 透气毡

图 6-13 真空袋薄膜

（9）腻子条 如图 6-14 所示，腻子条是一种优质密封胶带，适用于各种成型模具，能牢固地黏结真空袋薄膜和模具，保证热压罐成型过程中真空袋的气密性要求。固化成型完毕后，在成型模具上不残留密封材料残渣，且能容易剥取下来。

（10）压敏胶带 压敏胶带能在金属或复合材料零件和模具上固定真空袋、热电偶线、隔离膜、透气毡等辅助材料。压敏胶带具有很强的黏结力，固化后在成型模具表面不会留下黏结剂的残渣。

压敏胶带分为压敏硅胶带和橡胶基压敏胶带两种（图 6-15）。橡胶基压敏胶带专用于禁止使用硅类胶黏剂的敏感区域。

图 6-14　腻子条

(a) 压敏硅胶带

(b) 橡胶基压敏胶带

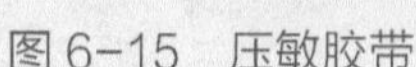

图 6-15　压敏胶带

6.5.4　组装封袋具体步骤

组装封袋具体步骤（图 6-16）如下：

（1）安放挡条：将橡胶片事先裁切成宽 10mm 左右的胶条安放于毛坯边缘，挡条周边需闭合。

（2）放置可剥布：零件表面应完全贴合平整。

（3）安放无孔隔离膜：视毛坯材料体系的挥发分和流动性决定无孔隔离膜的面积大小。

（4）放置软模 / 压板：软模 / 压板安放时要注意定位准确。固化软模的使用次数有限，超过一定的使用次数后必须重新制作新软模。

（5）安放有孔隔离膜：完全遮蔽软模 / 压板。

（6）清洗腻子条粘贴区域并粘贴腻子条。

（7）组装热电偶：热电偶放置前应检查热电偶完好，测温头应接触制件毛坯边缘，不得裸露接触模具。

（8）安放透气毡：透气毡应在腻子条范围内完全覆盖模具及组件，凹凸型面处可加厚，但不能超过 4 层。

（9）粘贴真空袋。

（10）组装真空嘴：至少一对，一抽一测，对角线放置。安放前应检查真空嘴垫圈无老化。

（11）抽真空并整理真空袋，确保制件上方无明显褶皱，尤其是不用软模 / 压板的情况下。

（12）检漏：连接真空系统，检查气密性。抽真空至 0.095MPa 以上，保持 10min，关闭真空系统，真空度下降不大于 0.004MPa 为合格。

（13）保护：使用脱模布（或压敏胶带）粘贴腻子条边缘，达到封边效果，并在模具上覆盖一层透气毡，并固定。

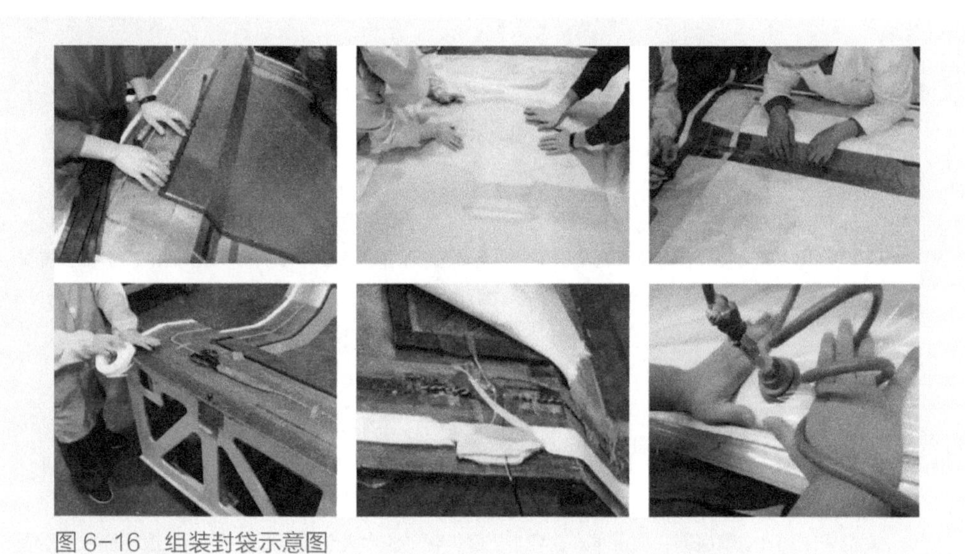

图 6-16　组装封袋示意图

6.6 如何防止真空袋泄漏

复合材料真空袋 - 热压罐成型法需要靠制袋放入热压罐接受真空、高温、高压完成固化反应，但若处置不当，固化过程中有可能出现真空袋泄漏甚至破裂，严重影响复合材料制件的内部质量甚至导致报废。因此，列出真空袋泄漏的诸多原因及应对措施（表 6-2）。

表 6-2　真空袋泄漏的原因及应对措施

序号	泄漏原因	应对措施
1	模具本身密封性不符合要求	模具使用前应进行常温和高温检漏，确保气密性符合要求，否则退供应商进行返修
2	真空薄膜选择不正确，采用了不适用于固化温度的真空薄膜	高温薄膜可用于中温和低温固化，中温薄膜可用于低温固化，但中温和低温薄膜不能用于高温固化，低温薄膜也不能用于中温固化，各种薄膜用颜色区别防错
3	真空薄膜存在砂眼导致漏气	仔细检查真空袋薄膜，若有砂眼进行更换或用腻子条进行局部修补，并告知供应商
4	模具粘贴密封胶条区域处清理不干净	将模具粘贴密封胶条区打磨平整，用丙酮彻底清洁，去除油污、杂质

续表

序号	泄漏原因	应对措施
5	透气毡上有多余物，抽真空时将制袋薄膜刺破	彻底清理模具尤其是透气毡表面，确认无铁屑、沙粒、非耐高温材料（如背衬纸）甚至刀片等杂质
6	模具上的销钉及其他尖锐物在抽真空时将制袋薄膜顶破	打袋时用透气毡或橡胶将模具的尖锐突出部位进行保护
7	模具或制件凹陷处未采取防护措施，固化时真空袋紧绷或被抽吸而导致真空泄漏	将模具孔洞用硬质板和高温胶带封堵，凹陷处用Airpad橡胶制作填充物进行填堵，或用刚性金属盖板覆盖
8	真空袋尤其是模具转角处和凹凸部位预留尺寸不足	打袋时根据模具大小和形状选择尺寸适合的真空袋，多加折子或长折子，留有足够的余量，避免真空袋架桥
9	真空嘴密封圈老化	定期更换真空嘴密封圈
10	真空嘴底部缠绕腻子条，固化过程中腻子条吸入真空嘴造成堵塞	正常的真空嘴不需要包缠任何腻子条或高温胶带，如果有泄漏现象，应更换真空嘴密封圈。如暂时不能更换，腻子条不能缠绕过多。
11	真空袋压到真空嘴底部，加压时真空袋被抽吸破裂	打袋时要注意真空嘴底部放置2~3层透气毡，且不应压到真空袋
12	固化时树脂溢出流入真空嘴，导致真空嘴堵塞而产生真空泄漏	打袋时真空嘴应与制件保持一定距离，避免在固化时，真空头吸附溢出的树脂
13	固化时树脂溢出浸润密封胶条，导致密封胶条失效而真空泄漏	模具设计时，铺贴区域与密封胶条应预留足够的距离。通常间距100～150mm
14	密封胶条与模具粘贴不牢或密封胶条与真空袋粘贴处有气泡	打袋时用擀棒碾压制袋薄膜和密封胶条粘贴处，使密封胶条与模具和制袋薄膜完全贴牢，不留气泡。但也不要用力过猛，防止将真空袋刮破
15	热电偶通过腻子条处，顺热电偶线存在真空泄漏	将热电偶外膜剥掉，露出两根偶线分别通过腻子条，且在通过处多布2～3道腻子条（图4-11）
16	放置和运输真空袋组件时磕碰到尖锐物体	在真空组件上做好标记，安全放置，运输时注意保护真空袋组件不受外物碰撞
17	真空接头不匹配或真空管漏气	操作前确认真空接头匹配，真空管不漏气
18	真空组件在热压罐内由于强大的风力，真空袋折子、热电偶及真空嘴强烈晃荡有可能掀起真空袋	用剪刀顺腻子条边缘裁掉制袋薄膜的袋外边缘，仅留10mm左右；使用脱模布（或压敏胶带）粘贴腻子条边缘和真空袋折子；用条状制袋薄膜或隔离膜将热电偶露出端固定在模具上；罐内的真空管也要固定好
19	热压罐内或模具框架内有渣粒，在固化过程中被罐内风机扬起到空中掉落在真空袋上烫破真空袋	彻底清扫热压罐和模具，尤其是模具框架内的铁屑，必要时重新为模具涂刷防锈漆；在封装好的真空组件表面采用透气毡等柔软而耐高温的物品覆盖

本章小结

铺叠赋形是复合材料成型的重要工序，需严格按照工艺要求进行以确保铺叠的准确性。组装封袋是铺层工艺的关键工序，是一项技术性很强的操作。了解各种辅助材料的作用有利于正确掌握铺叠组装操作。

思考题

1. 复合材料铺叠净化间的开工环境控制要求是什么?
2. 预浸料制备和铺叠时，纤维角度不准确，对复合材料有何影响?
3. 预浸料铺叠时的拼接要求是什么?
4. 复合材料预浸料铺叠时有哪些质量控制点?
5. 铺叠时和组装封袋时，如何避免架桥?
6. 真空袋泄漏有哪些原因，相应的应对措施是什么?

7

成型固化

图 7-1　复合材料成型用热压罐实物图

热压罐法制造的复合材料制件，其预吸胶及固化采用热压罐设备来实现。将工艺组合好的整个系统置于热压罐内，连接真空系统，关闭热压罐门，按设定的程序进行预吸胶或固化，各类制品的预吸胶参数和固化程序根据树脂体系和制件结构确定，包含温度、压力、真空度、加压时机、保温时间以及降温速率等。

热压罐（图 7-1）是一个圆筒形的金属压力容器，一般平卧放置，配有温控、真空和压力系统，用以进行加压或加热条件下的化学反应。热压罐法可以制得高质量的复合材料制品。许多大型和复杂的部件，均普遍采用热压罐法。缺点是热压罐重量较大且结构复杂，设备费用很高。

7.1 预吸胶或热封压工艺

过去，铺层工艺所用的预浸料材料因为树脂的黏性较差不便于施工，含胶量一般偏高，其中约有 10% 的过量树脂，因此较厚的层压板在固化前通常有一个预吸胶的过程，将多余的胶液挤出。近十年来，由于基础工业的发展，现有的预浸料大多实现了零吸胶工艺，即预浸料的树脂含量与复合材料制件的含胶量相当。但即便不需要预吸胶，有些复合材料制件，由于过厚或形状异样，需要在铺叠过程中，或者在铺完所有铺层后，在固化前设置热封压，使铺层在受热和高压的情况下更加密实，层间小分子排除得更彻底，毛坯更加接近制件的最终厚度。

预吸胶或热封压工艺适用制件尺寸大、结构复杂、厚度精度要求高的制件，其优点为：

① 制件的含胶量精确；

② 固化时容易控制。

缺点有：

① 预吸胶操作复杂；

② 工艺辅助材料消耗多、浪费大、成本高。

较薄的层压板通常是吸胶与固化过程同时进行，相对而言，不预吸胶工艺的优点为：

① 操作简易；

② 辅助材料消耗少，成本低。

缺点有：

① 制品精确度不高；

② 含胶量不准确。

7.2 热压罐的结构和原理

一般来说，热压罐的结构主要由罐门与罐体、加热系统、鼓风系统、加压系统、冷却系统、真空系统、电子控制系统、软件、安全系统以及其他机械辅助装置构成（图 7-2）。通过热压罐的真空抽取、加压、加热等参数控制和实施，完成对复合材料制品的固化成型工序。

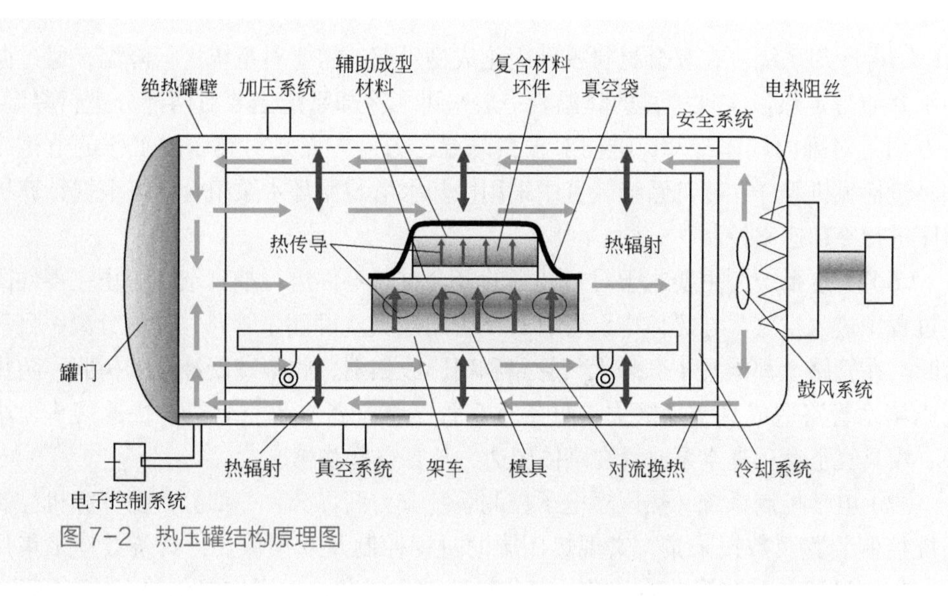

图 7-2　热压罐结构原理图

（1）罐门和罐体　热压罐罐门结构主要用于复合材料零件固化时进出罐体，通常采用液压压杆控制，紧急情况下，可手动操作罐门开启或关闭。在罐门结构中，装备有耐高温密封项圈、保温层和风道，保证罐体的压力和温度稳定。与罐门相连的是罐体，用于放置模具和复合材料零件。罐体通常为圆柱形，受压均匀，平卧于特殊地基上。罐体内部设置导轨，方便带有模具和零件的轨道车进出。为了保证固化过程的压力和温度的问题，罐体需进行保温和保压设计，并在相应位置设置固化时所需的真空接口和热电偶接口。

（2）加热系统　主要用于为固化过程中所需温度提供热量，一般通过空气或者加热介质对模具和零件进行加热。通常以电阻丝作为加热源，且对其进行短路、漏电等安全设计。在工作时，通过电阻丝加热，罐内热空气传导，风机系统循环控温对模具和零件进行加热处理。

（3）鼓风系统　主要是维持罐内温度的稳定和均匀分布，通过惰性气体（一般为氮气）的快速流动，热量快速传导、循环，从而不断、稳定地向模具和零件进行热量传递。热压罐通常采用内置式全密封通用电机，放置于热压罐体的尾部，用于热压罐内空气或其他加热介质的循环。风机必须能够有效冷却，且转速可通过计算机控制变频来调节，根据固化过程智能变速，还应该配有电机超温自动保护并报警装置。

（4）加压系统　主要是为罐体提供固化工艺所需要的压力，压力主要是由低温液体气体汽化后提供，通常使用氮气等惰性气体作为气源。加压系统一般由低温贮存气罐、耐低温密封管道等组成，设置有安全泄压阀、温控装置和低温保护装置等。

（5）冷却系统　在复合材料零件固化成型后期，需要对系统进行降温，通过循环水介质带走热量实现模具的降温。一般来讲，冷却系统主要对两部分进行降温，一方面是对罐内气体冷却，继而对模具降温；另一方面是对热压罐工作的电机冷却，包括风机等。在冷却系统装置中采用冷却水塔与循环水泵组合，可根据计算机程序进行冷却速率控制。

（6）真空系统　主要用于对封装好的复合材料零件进行抽真空，防止在零件固化过程中进入空气。在罐体中设置有真空管路及真空度测量管路，抽测分离，自动切断。在管路上都配置了一条大气管路和树脂收集器，收集冷凝液化的树脂，防止树脂堵塞管路造成真空度缺失。每条真空管路都配备有真空软管、快速接头、堵头、模具真空嘴。真空泵放置在罐体旁边，与真空管路相连。

（7）电子控制系统　热压罐电子控制系统分为两部分：一部分是由计算机控制系统控制装置及数据采集，实现热压罐的过程控制及互锁保护，具备数据采集传输、数字显示、存储等功能；另一部分是数据屏显化，显示实时的热压罐的压力、真空、温度等。主要的控制方式包括自动控制与手动控制，可单独对各种参数（温度、压力、真空度、时间）进行快速设定和控制，对各种参数进行实时监控并实时记录和显示。在运行过程中，可以随时对参数进行修改，实现过程的可变控制。

（8）软件　热压罐软件主要用于支持热压罐各项参数稳定运行，能够实现完整性检测，包括工件匹配检测、工件附件检测、真空检测、探测头读值检测及连接检测等。在热压罐工作时，能够实现对温度、压力、真空度的全部控制，并将参数记录在相应的账户下。通过每个账户的设定，实现对热压罐控制权限的设置，以防过程中的误操作。数据记录的内容包括：操作者姓名、日期、罐内装载产品的图号、系列号等信息，以及与固化周期有关的所有信息（如温度、时间、真空度、压力、升降温速率、罐温）等。热压罐软件具备远程连接能力，可通过远程系统控制热压罐的工作状态。

（9）安全系统　热压罐的安全系统主要由超温、超压、真空泄漏、风机故障、冷却水缺乏等的自动报警、显示、控制功能组成，实现对温度、真空、压力、风机等的报警参数及保护极限参数进行设置，以及数据指标超出设置的温度或压力时的报警、自动切换和保护。罐内未恢复到常压时，罐门不能打开。热压罐顶部安装安全阀，并在罐体明显位置配备符合测量范围的压力表。

（10）辅助装置　热压罐辅助装置主要包括罐内运输车、相应的阀架、真空用金属软管、热电偶、空压机等。

7.3 固化曲线及固化参数

图 7-3 是复合材料热压罐成型工艺中典型的固化参数曲线图，其中温度的变化包括升温、恒温和降温三个阶段。

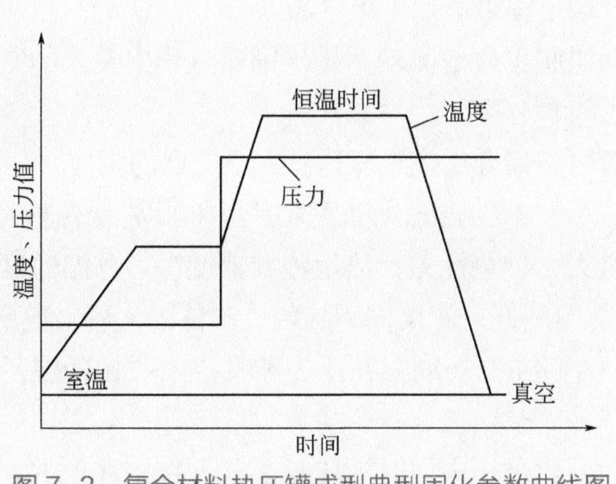

图 7-3　复合材料热压罐成型典型固化参数曲线图

随着温度的升高，热固性树脂在真空和压力状态发生聚合反应，交联密度增加，体积减小，并获得复合材料的刚度和强度。整个固化过程中，树脂状态也发生变化，见图 7-4。

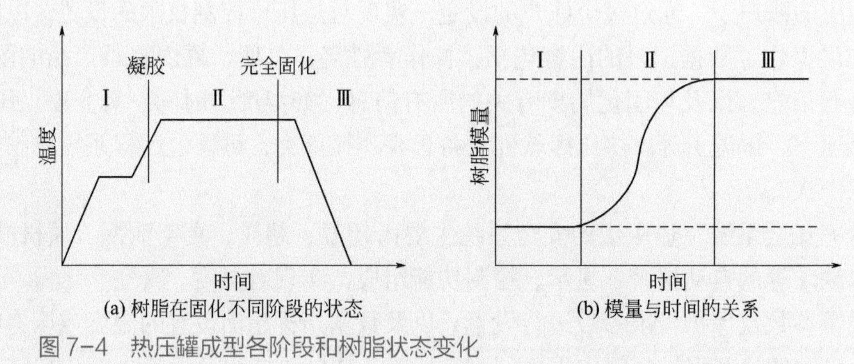

图 7-4　热压罐成型各阶段和树脂状态变化

Ⅰ为黏流态，此时模量低，黏度低，树脂流动性好，也没有残余应力；

Ⅱ为橡胶态，树脂开始交联反应，黏度增大，松弛时间变短，不易产生残余应力；

Ⅲ为玻璃态，模量达到最大，黏度无穷大，残余应力和应变是从最终固化温度降到室温时产生。

固化程序中各类参数的作用如下：

（1）温度　使树脂流动并提供大分子发生聚合反应所需的能量，形成体形结构的凝固体。

（2）压力　使制品的结构密实，防止分层并驱除因水分、挥发分、溶剂和固化反应的低分子产物形成的气泡，挤出多余树脂，使之流入吸胶材料，控制一定的含胶量，并使制品在冷却过程中不发生形变等。

（3）真空　协助树脂更好地流动并排出铺叠过程中夹入的空气、未挥发的低分子物以及空气中吸入的水分。

（4）时间　维持树脂聚合反应直至达到完全交联的程度。

（5）升温速度　1 ~ 3℃ /min，升温速度与树脂基复合材料的热传导有关系，由于树脂基的分子量大，传热性差，热量传导速度慢，升温速度加快后，树脂表面（局部）升温高，内部温度低，使反应不均匀，制件固化后出现变形，强度低。

（6）降温速度　小于 5℃ /min，在压力和真空下缓慢降温，释放热应力，防止制件变形。

（7）加压时机　固化过程中何时施压是工艺上特别注意的，加压早，树脂会外溢；加压晚，多余的树脂排不出来，制件含胶量重，制品变厚，故通常施压是在树脂凝胶前后几分钟进行。不过随着材料研究的发展，许多树脂基体的固化参数已改良为室温下就开始加压，这一改变为复合材料的多件进罐提供了更多的可能性。

7.4 固化运行

热压罐固化运行的流程为：

接收待进罐零件—模具吊装（摆放）—连接热电偶—连接真空管路（真空检漏）—固化记录—固化运行—固化出罐—固化交检（固化曲线分析）

7.4.1 模具的吊装

成型模具的吊装注意事项：

（1）待进罐的零件放置在待进罐区域，抽真空，进罐前袋内需保持一定的真空，以使真空袋贴紧零件，否则需要重新整理袋子。

（2）防止热电偶、吊绳等刺坏真空袋。

7.4.2 模具的摆放

多件进罐模具摆放注意事项：

（1）罐内摆放的模具越多，超前热电偶和滞后热电偶的温差越大，越难满足固化程序要求。

（2）多件进罐时，需要优化模具的摆放位置，以满足固化要求（图 7-5）。

总的原则是：缩小超前热电偶和滞后热电偶间的温差，如将滞后热电偶的模具垫高、在超前热电偶的模具上加透气毡。

图 7-5　多件进罐时模具摆放示意图

7.4.3 连接热电偶

连接热电偶（图 7-6）注意事项：

（1）检查热电偶的完好性，防止热电偶在固化过程中失效，热电偶导线间的短路、接头的断开都会引起热电偶的失效。

（2）不允许热电偶在开机前失效，如热电偶在开机前失效需要重新安装热电偶。

（3）固化过程中至少保证 60% 的热电偶有效，只放 2 根热电偶的模具至少 1 根热电偶有效。

图 7-6　热电偶连接示意图

7.4.4　连接真空管路

连接真空管路（见图 7-7）注意事项：

（1）真空管路严禁摆放在真空袋上；

（2）真空管路的气密性与相互间的匹配性对固化漏气有很大影响；

（3）每个模具上至少有 2 个真空管路与模具上对应的接头连接，其中一个用于抽真空，另外一个用于检真空；

（4）严禁真空管路间的对接。

7.4.5　真空检漏

真空检漏（图 7-8）步骤：

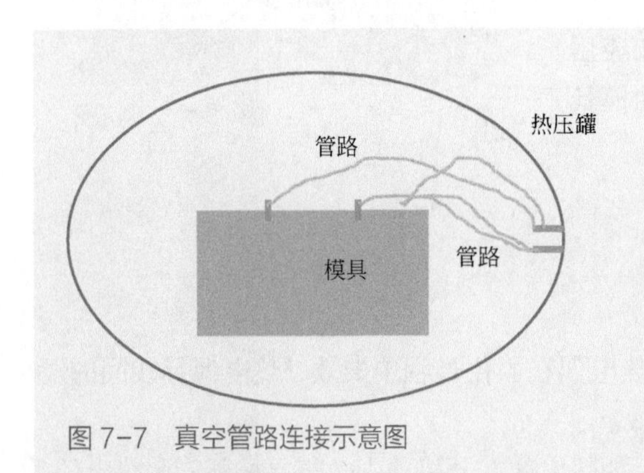

图 7-7　真空管路连接示意图

图 7-8　真空检漏仪表

1 挡—抽真空；0 挡—关闭真空；2 挡—通大气

（1）将按钮旋转到“1 挡”抽真空，至稳定；

（2）将按钮旋转到“0 挡”，关闭真空；

（3）检查真空在规定时间内的下降值，军机项目要求 5min 真空下降不超过 4kPa。

真空泄漏的三种情况：

（1）真空管路泄漏：真空管路破损；

（2）真空接头泄漏：真空接头不匹配；

（3）真空袋泄漏：见第 6 章 6.6 节。

真空泄漏点查找方法：

（1）将真空管路对接，检查真空是否能抽到气源的真空值（假如气源的真空值为 -94kPa），若真空管路对接时，真空值能达到 -94kPa，则可排除真空管路的漏气；

（2）在真空管路与模具连接的接头处放置小的真空袋，然后抽真空，若真空袋没有变化，则可排除接头处的漏气；

（3）若上述位置均不漏气，则真空袋漏气，需重新打袋。

7.4.6 固化记录

固化开始前：

（1）记录每个零件固化时在热压罐中的摆放位置；

（2）记录固化每个零件对应的热电偶插口号和真空管插口号；

（3）记录真空检漏值。

固化运行中按关键点（如开始点、加压点、进入平台和离开平台）或一定的时间间隔记录热压罐压力值、每根热电偶的温度值和每个真空管的真空值等信息。

记录分电脑自动数字记录、曲线图记录（图 7-9）和人工记录三种。固化记录是后续复查固化运行情况的重要依据。

7.4.7 固化运行

固化参数的运行可分两种方式，一种是通过控制柜手动输入固化参数（图 7-10），一种是预先在电脑中将固化参数进行编程，固化时直接选择相应的固化程序号进行运行。

注意事项：

无论是手动程序还是自动程序，在固化过程中都要随时关注温度、真空度和压力的变化；若产生偏离，应按要求进行处置。

7.4.8 零件出罐

（1）热压罐打开后，等待几分钟时间才能进入，去除真空管与真空嘴的连接以及热电偶与热压罐排插的连接；

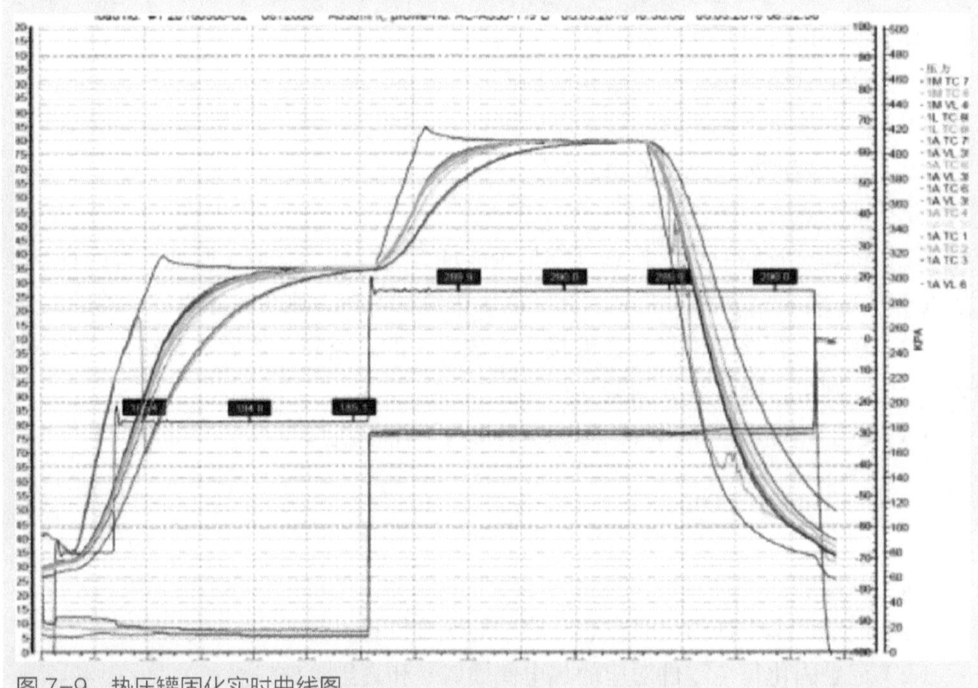

图 7-9　热压罐固化实时曲线图

图 7-10　通过控制柜手动输入固化参数

（2）整理真空管路和热电偶；

（3）吊运模具至待脱模区域；

（4）对于出现固化故障的零件，需做好隔离和标识，以利于工程师和操作人员查找故障原因。

7.4.9　固化曲线分析

固化结束复合材料制件出罐后，应对所经历的固化曲线进行分析，判断整个固化过程是否符合工艺文件所规定的固化程序要求。主要分析的参数包括：每根热电偶的升降温速率、恒温平台时间、固化过程的真空值、固化过程中的压力值（图 7-11）。

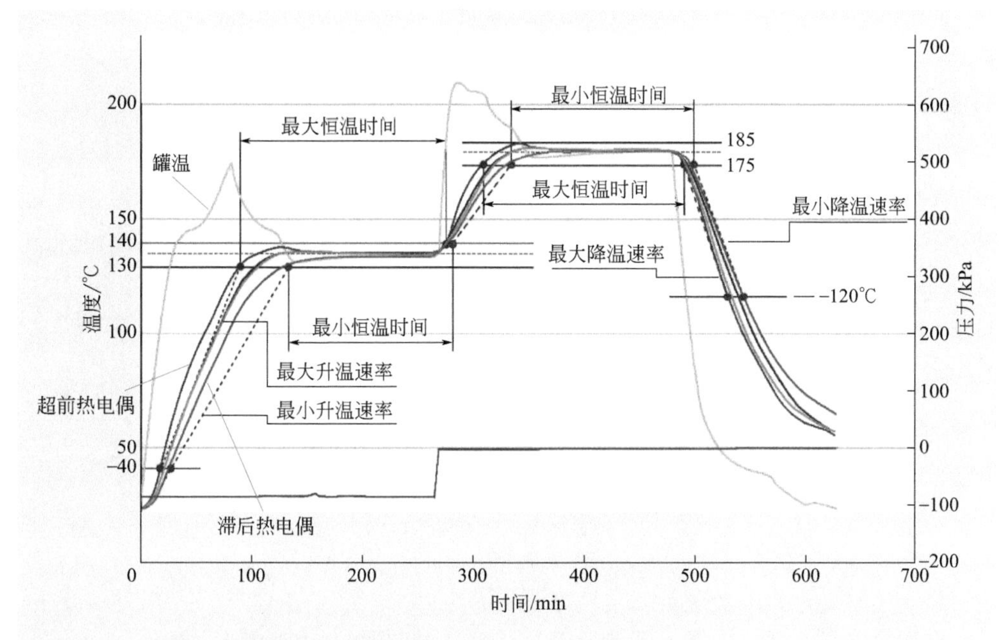

图 7-11　典型复合材料零件固化曲线分析图

本章小结

热压罐成型是复合材料的主要成型方式，是采用特殊设备，配有温控、真空和压力系统，对复合材料毛坯进行加压或加热条件下的化学反应生产过程。本章详细介绍了热压罐这一特殊设备的结构和工作原理，讲解了复合材料固化曲线中各类参数对固化反应的作用，以及固化各阶段树脂状态的变化，最后按热压罐固化运行的流程讲述了各操作步骤的工作内容和注意事项。

思考题

1. 简述热压罐的结构特点和工作原理。
2. 简述复合材料固化程序中各类参数对固化反应的影响。
3. 简述热压罐固化运行各操作步骤的工作内容和注意事项。

8

脱模

固化成型后，待热压罐温度降到一定温度时，卸压、卸真空、开罐取出组件。脱模是组件降到室温后，清除各种辅助材料，取出制品的过程。

8.1 基本要求

开工前的准备操作过程在净化间外指定区域执行，操作者在操作过程中必须穿戴棉纱手套、防护眼镜等防护用品。

8.2 工艺流程

复合材料热压罐成型脱模工艺流程见图 8-1。

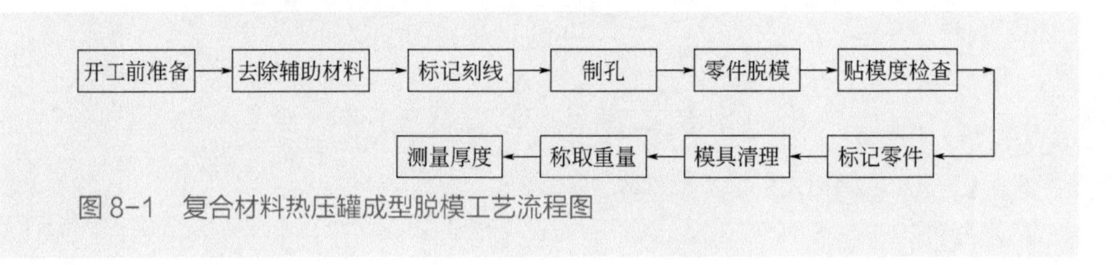

图 8-1　复合材料热压罐成型脱模工艺流程图

8.3 脱模要求

8.3.1　开工前准备

（1）出罐后的模具组件，必须按照产品制造工艺文件要求的时间停放，才可拆除真空袋。

（2）脱模前，检查真空袋是否破损，真空嘴、热电偶等应齐全。

（3）工具准备。表 8-1 列出了复合材料零件固化后脱模操作所需要的工具。

表 8-1　脱模所需的工具

序号	材料名称
1	撞击拔销器
2	记号笔（Sharpie NO.30000）
3	裁纸刀
4	销钉
5	木质榔头
6	楔形专用工具
7	轻质白棉纱手套
8	剪刀
9	防毒口罩
10	螺丝刀
11	起子
12	防护眼镜

8.3.2　去除辅助材料

（1）使用裁纸刀将真空嘴从真空袋上取下，去除腻子条和真空袋，小心避免扯坏热电偶。

（2）去除其他辅助材料（挡条除外），露出零件，检查零件是否有外观质量问题。

（3）将热电偶整理完后，使用裁纸刀等工具轻轻挑开黏住热电偶的树脂并将热电偶从零件上取下，然后确认热电偶插头安装完好、测温点焊头完好、塑料保护层完好、导通良好。状态完好的热电偶可以入库并记录使用次数，有故障的热电偶应及时采取相应的返修措施，然后入库，如果无法返修，则报废处置。

（4）如果使用软模均压板，应去除软模均压板上的杂物、压敏胶带和堆积的树脂等。用记号笔（Sharpie NO.30000）在软模均压板非使用表面标记软模均压板的使用次数（例如：“第 1 次”）。

8.3.3　制孔

如果产品制造工艺文件中有制孔（图 8-2）要求，应按下述规定制孔：

（1）如果零件周边区域有翘起，使用沙袋等外力将零件贴附模具表面；如果零件中部区域有翘起，将零件的部分挡条拆除，让零件完全贴附模具表面。

（2）根据产品制造工艺文件规定，确定刀具和衬套配套使用。如果钻模板使用活动衬套，取出活动衬套进行试刀操作。

（3）在钻孔区域表面粘贴一层尺寸至少大于孔径 10mm 的脱模布或蓝胶带，根据模具上的编号确定对应的钻模板，首先使用销钉将钻模板定位，然后使用螺丝刀旋紧螺栓确保钻模板固定不移动。

（4）当工艺孔径小于等于 8mm 时，直接制孔；当工艺孔径大于 8mm 时，先制初孔，然后铰孔。

图 8-2　制孔示意图

8.3.4　零件脱模

使用木质或塑料楔形工具等撬起零件的边缘（图 8-3），采用压缩空气扩大零件松动范围，最后将零件与模具完全分离，注意脱模工具只能接触到零件余量线以外的部位，取件不应伤及零件与模具。如有随炉件应同时取出随炉件。将零件翻面，检查零件内表面是否有外观质量问题。

图 8-3　零件脱模示意图

8.3.5　贴模度检查

按照定位线或定位孔等定位基准将零件放置回模具的对应位置，检查贴模度是否达标：自由状态下，梁、肋零件与模具的不贴合度小于 1mm/m；自由状态下，蒙皮零件与模具的不贴合度小于 1mm/m，或者在指压力（小于 49N）或 5kg 砝码下，不贴模度小于 1mm。

8.3.6 标记零件

（1）将零件从模具取下后，放置在手推车上或净化间指定区域内。

（2）使用 Sharpie NO.30000 系列记号笔按照产品制造工艺文件要求在零件和随炉件的规定位置标记零件图号和质量编号。

（3）在专用标签上填写相关信息后，并按照产品制造工艺文件要求将专用标签粘贴在零件和随炉件的规定位置。

8.3.7 模具清理

（1）必须去除模具上的所有杂质和杂物，清除残留的腻子条、压敏胶带、树脂堆积、脱模布等污渍，清理模具的过程注意对模具的保护，不要在模具上造成划痕等损伤，保证模具表面的干净。

（2）用汽油、丙酮或酒精擦洗模具工作面，以确保模具表面清洁、无油脂。

（3）去除模具上的灰尘和杂物，特别是框架式模具的模板下容易积累灰尘和污物，可以用压缩空气对模具进行吹扫清理。

（4）确保所有附件齐全。模具的附件：拆卸的模块、可拆卸的螺钉、可拆卸的销钉、可拆卸的吊环、真空管路、垫圈、密封圈等。

8.3.8 称取重量

如果产品制造工艺文件中有称重的要求，应按下述规定称重：

（1）按照产品制造工艺文件要求，选择在鉴定合格期内量程、精度合适的量具准确称取零件重量，在产品制造工艺文件中记录称重结果及量具编号，称重结果按照产品制造工艺文件要求保留有效数字。

（2）如果带有用于装配的加工余量，其验收指标应为零件理论重量与余量重量之和。

（3）如果零件带有随炉件，应同时使用相应量具称取随炉件的重量并记录在产品制造工艺文件中。

8.3.9 测量厚度

如果产品制造工艺文件中有测厚的要求，应按下述规定测厚：

（1）按照产品制造工艺文件要求，选择在鉴定合格期内量程、精度合适的量具（超声测厚仪或螺旋测微器）准确量取零件厚度，在产品制造工艺文件中记录测量厚度及量具编号，测量结果按照产品制造工艺文件要求保留有效数字；

（2）如果产品制造工艺文件中无具体的测量点规定，应在零件的每个厚度上相隔一定距离选点测量厚度，保证至少每个厚度上分布两个测厚点；

（3）如果需要量取随炉件厚度，应使用相应量具测量随炉件厚度，在随炉件的每个边上各选两个点测量并记录。

本章小结

复合材料固化成型出罐降到室温后需拆袋清除各种辅助材料，钻制定位孔，取出制品。脱模后将进行模具清理、贴模度检查、标记、称重和测厚等。

思考题

1. 复合材料制件脱模时若需钻制定位孔应如何保证精准度？
2. 复合材料制件的贴模度检查、称重和测厚要求是什么？

9

后加工

复合材料在铺贴过程中，由于树脂尚未固化，预浸料可用剪子或刀子进行修切，对固化后的制品则要求用专门的修整和切割工具或设备修切。一般使用碳化钨砂轮；短直线切割采用金刚石或碳化钨砂轮；长直线切割采用碳化硅或碳化钨高速带锯；特型铣采用金刚石或碳化钨铣刀；表面磨削与铣切使用碳化硅或碳化钨铣刀。

随着复合材料技术和市场的发展，自动化技术在复合材料制造过程中的应用越来越广泛，复合材料的后加工技术也不例外。固化后的复合材料切边、钻孔甚至型面的加工越来越多地用到数控铣切，不但有专门的三轴和五轴机床，技术成熟度也越来越高，加工精度和效率也远远超过传统的切割技术。

数控铣切在本书不做介绍，这里仅介绍现阶段比较普遍采用的手工切割及其他切割设备，如带锯切割、高压水切割和平面磨床等。

手工切割对零件外形无特殊要求，可切割任意形状的零件，在复合材料的后加工中被广泛应用。复合材料后加工的主要的操作步骤有准备工作、划线、切割、打磨、封边等。

9.1 切割工具和设备

复合材料切割打磨操作人员应根据零件的材料、厚度、尺寸等信息选择合适的加工工具和设备，在正式施工前，要确保工具设备完好无故障，对于有定检要求的工量具、设备要确认其在定检有效期内。

9.1.1 手工切割工具

常用的手工切割工具见图 9-1。

金刚砂圆柱铣分实心和空心两种，实心常用于外圆角的修切、蜂窝芯的修配；空心常用于大尺寸孔的打孔和扩孔。金刚砂圆锥铣常用于大尺寸孔的定位和预钻。

9.1.2 高速带锯切割机

高速带锯切割机（图 9-2）由于其切割效率较高，是目前使用较多的一种切割方法。但带锯切割的切口质量较差，切口不平整，往往还会在出口边产生纤维毛刺，带锯切割一般只能用于粗加工，且多用于切割较大尺寸平板零件、夹层结构零件。

(a) 镀金刚砂切割片

(b) 气动仿形铣刀

(c) 金刚砂圆柱铣圆锥铣

(d) 金刚砂/氧化铝打磨片

(e) 弯头打磨枪

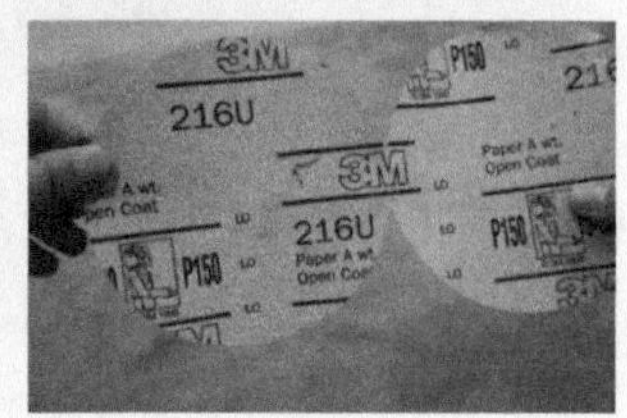

(f) 细砂纸

图 9-1　常用的手工切割工具示意图

9.1.3　高压水切割机

高压水是一种冷态的单点动能能源，对材料具有极强的冲蚀作用。高压水切割（图 9-3）属于冷态切割，因此其原理为：直接利用高压水射流的动能对加工对象进行冲蚀、磨削，从而达到切穿的目的，这种切割方式具有对切割材质理化性能无影响、无热变形、切缝窄、精度高、切面光洁等优点。

由于高压水切割在对材料冲蚀的过程中不改变材料的物理和化学性能，因此高压水切割适用于切割金属材料、热敏、压敏、脆性、塑性和复合型等各种性质的材料。高压水切割一般用于平板零件的外形加工，尤其是随炉件（试验件）的尺寸切割。

图 9-2　高速带锯切割机

9.1.4　精密平面磨床

精密平面磨床（图 9-4）是使用频率较高的设备，利用磨具（砂轮）对复合材料制件进行高精度和低表面粗糙度的磨削加工，主要用于随炉件的精加工。

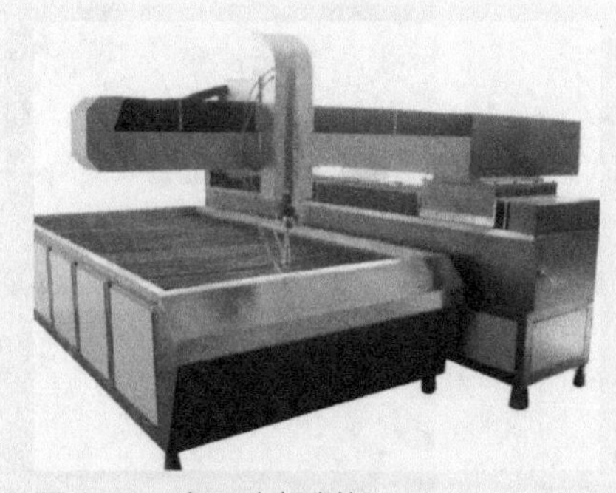

图 9-3 高压水切割机

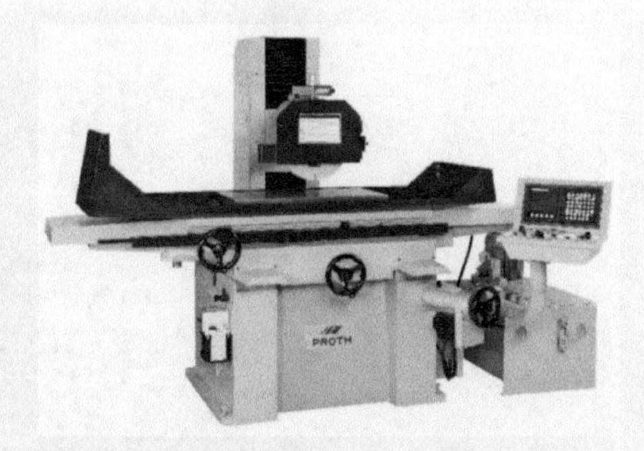

图 9-4 精密平面磨床

9.1.5 劳动保护用品

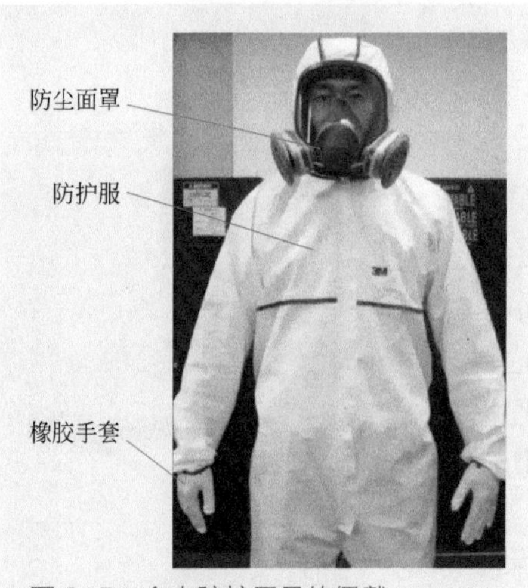

图 9-5 个人防护用品的佩戴

复合材料制件的切割打磨作业过程中主要存在粉尘污染、噪声污染。平时操作过程中，作业人员必须穿戴个人防护用品：防毒面具或防尘口罩、护耳器、防护眼镜、防护服、细纱或橡胶手套、劳保鞋，如图 9-5 所示。同时，零件的切割必须在具备良好的通风条件和有效的除尘设施的环境下操作，避免因碳纤维粉末的污染使周边电气系统产生短路故障。

9.2 划线

（1）确认零件切割余量、切割公差。

（2）对于要求按零件线或余量线切割的零件，且零件线或余量线清晰可见的，不必重新划线。

（3）对无零件线但要求按尺寸切割的零件，用划针或油性记号笔在零件上划出切割线，线宽小于 0.5mm。

（4）对于有余量要求的零件，以零件线为基准使用钢板尺测量余量尺寸，采用三点成线原则用划线工具划出余量线。

（5）对于使用样板或模具进行划线的，按要求将切割样板、模具与零件组合定位，使用油性标记笔沿切割样板、模具轮廓在零件上划线。线宽小于 0.5mm。

（6）如果由操作者自主划线，完成划线操作后，按照样板、模具工艺文件中的零件尺寸检查划线尺寸。

注意：划线应清晰可见，切深度不超过树脂层，不得伤及纤维。

9.3 粗加工

对复合材料制件进行粗加工的方式包括金刚石砂轮片切割、高速带锯切割、高压水切割（若零件的精度要求不高，高压水切割也可满足精加工需求），还有钻孔、挖孔、倒圆角等。

9.3.1 金刚石砂轮片切割

按照切割依据，用金刚石包覆刃口的切割片连接气动工具对零件余量进行粗切，切割至距离划线或切割线剩余 1 ～ 5mm 处。加工时推荐 40 ～ 80 粒度的金刚石，进给速度的选择不宜过快，只要不使切割片发生过载以及被切件不发生过热、分层、纤维撕裂即可。

对厚度在 2mm 以上的单向带零件粗切优先选用 40 ～ 80 粒度的金刚砂切割片；对厚度在 2mm 以下的单向带零件粗切应优先选用 80 粒度的金刚砂切割片，粒度太小容易出现分层和纤维撕裂。

切削工件时，不得多件工件叠层切削。

针对薄壁零件切割，在切割时应采用分段切割方式（段长不超过 500mm），防止因零件抖动而造成的纤维撕裂、卡刀、损边等故障。

金刚石砂轮片切割尺寸精度：（0,+1.0）mm。

9.3.2 高速带锯切割

操作人员应穿戴好安全防护用品再进行带锯操作。严禁佩戴线手套操作，防止手套卷入锯条造成安全事故。

操作前检查高速带锯设备状态完好。检查设备的防护装置是否可靠，设备的金属外壳接地保护是否牢固，检查锯条是否完好，如锯条有裂纹 / 弯曲等缺陷应立即更换锯条，并调好松紧度，进行“跑合”，确认无问题后，方可使用。

带锯切割时，操作者必须等待锯条旋转速度正常后方可送料。严禁先将锯条与工件接触，应待锯条旋转正常后，再缓慢均匀进行锯割。

装卸工件、清洁卫生时，带锯条必须处于静止状态。工作完毕后，及时切断电源。

高速带锯切割尺寸精度：（0,+3.0）mm。

9.3.3 高压水切割

操作人员应穿戴好安全防护用品进行切割操作；切割前还需对设备完好性、安全性进行确认，确认无误后方可开机操作。

将零件放置在水切割台面上，根据零件上标注的基准和技术要求的切割尺寸选择相应的工艺参数进行切割。

为防止切割过程中因零件振动对切割质量产生影响，切割前需用压块压住零件以减少零件的振动。

高压水切割尺寸精度：（−0.8,+0.8）mm。

9.3.4 钻孔

对于直径小于或等于 6.35mm 的复合材料制件孔加工，可使用金刚石螺旋钻头（100 或 120 粒度）和碳化钨硬质合金钻头：对于直径小于或等于 2.0mm 的螺旋钻头，推荐转速为 10000r/min；对于直径在 2 ～ 6.35mm 的螺旋钻头，推荐转速 6000r/min。

对于直径为 6.35 ～ 12mm 的复合材料制件孔加工，推荐转速为 750 ～ 6000r/min。

对于直径大于 12mm 的复合材料制件孔加工，推荐使用挖孔操作。

为防止在钻孔处产生分层，在制件下面垫一块厚度为 3mm 左右的酚醛层压布板。

钻孔加工尺寸精度：（0,+0.5）mm。

9.3.5 挖孔

对大直径孔（直径大于 12mm ）加工和有挖孔要求的零件，用适当的铣磨工具沿掏孔零件线逐步去除余量，距离划线或切割线剩余 1 ～ 2mm。

零件挖孔去除部分支撑时，应防止去除部分脱落过程中拉扯零件纤维导致撕裂［图 9-6（a）］。

对复合材料零件孔洞的铣切一般使用直径小于 6mm 的镀金刚砂。

挖孔加工尺寸精度：（0,+0.5）mm。

9.3.6 倒圆角

对有倒圆角或凹角要求的零件，先用金刚石切刀切出零件直线部分，再用铣磨工具磨除剩余部分［图 9-6（b）］。距离划线或切割线剩余 1 ～ 2mm。

按线倒圆角或倒凹角尺寸精度：（0,+0.5）mm。

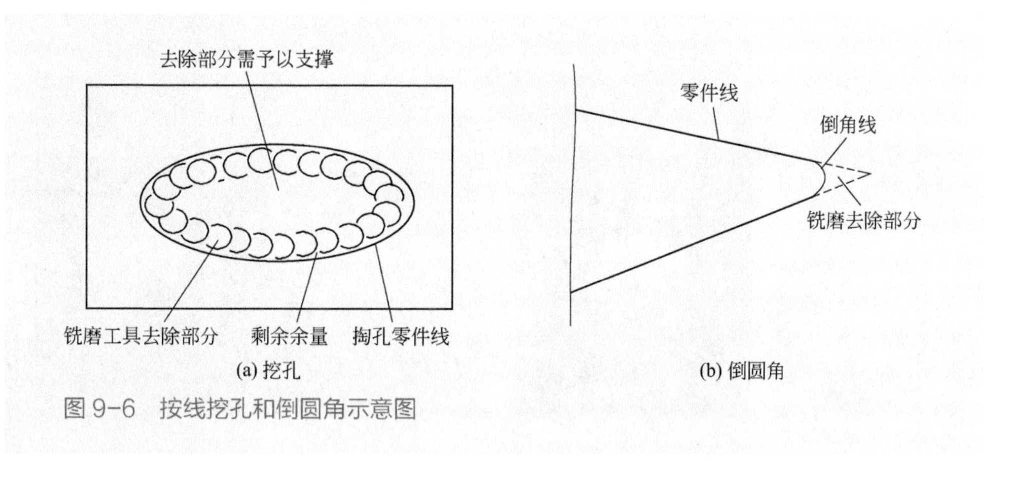

图 9-6 按线挖孔和倒圆角示意图

9.4 精加工

对复合材料制件进行精加工的方式包括金刚砂打磨片打磨、精密平面磨床机械磨削、数控铣削等。

9.4.1 金刚砂打磨片打磨

再次确认零件切割基准和切割公差。

零件剩余切割量为 0.5 ～ 2mm 的修切，应采用 80 目筛以上规格的高目数打磨片或 80 目筛以上规格的实心圆柱铣。

弯头打磨机修磨，选用 8000 ～ 20000r/min 的弯头气动工具配 80 粒度以上的打磨片进行操作。

气动仿形铣修磨，选用 8000 ～ 20000r/min 的气动仿形铣工具配 80 粒度以上的镀金刚砂实心圆柱铣进行操作。

为防止产生粉尘堆积和打磨过程中对工件产生过烧问题，应及时更换或清洁打磨片或圆柱铣。对玻璃钢零件修磨需选用 60 目筛打磨片。

对单向带零件，判断表层纤维方向后，沿与纤维方向成锐角方向打磨，可以有效避免表面纤维撕裂。单向带零件修磨方向实例见图 9-7。

对聚芳酰胺蜂窝（Nomex 蜂窝）的精修切一般使用 180 目筛氧化铝打磨片或金刚砂打磨片。

要求留线打磨或修切，打磨修切尺寸精度：（0,+0.5）mm。

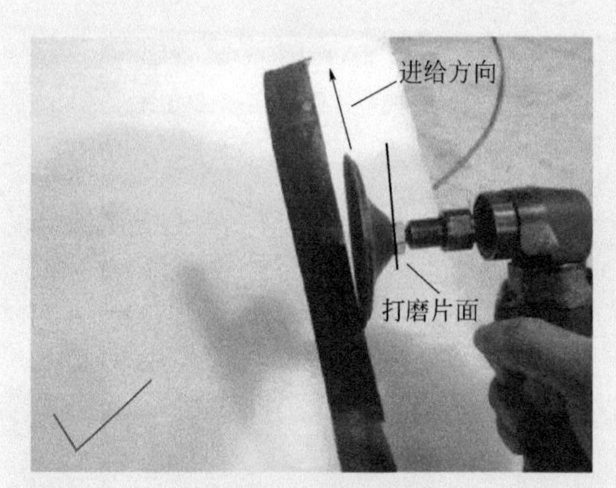

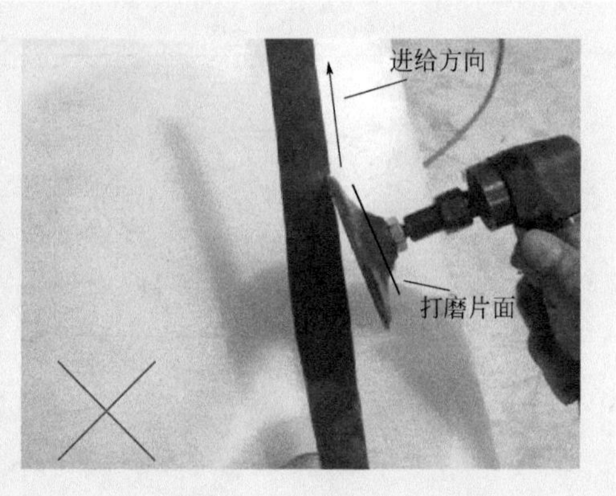

图 9-7　单向带零件修磨方向实例

9.4.2　精密平面磨床机械磨削

精密平面磨床常用于加工随炉件试片、试验件等尺寸精度要求较高的零件。加工之前应该确认待加工零件的余量、公差，即按照工艺文件的要求，再次确认零件切割基准和切割公差。

零件剩余切割量为 0 ～ 1.0mm 的修磨且工件外形尺寸、平行度和垂直度精度要求高，可使用精密平面磨床对工件待加工面进行研磨，每次磨削进给深度不宜超过 0.5mm，磨削过程中应进行冷却。

精密平面磨床尺寸精度：（−0.2,+0.2）mm。

9.4.3　复合材料专用机床数控铣削

随着机械自动化技术不断发展，专门用于复合材料精加工的数控铣削机床应运而生。加工机床一般分三轴和五轴机床，针对不同的复合材料，其铣削刀具和铣削参数有所不同。

三轴数控铣削精度：（−0.2,+0.2）mm。

五轴数控铣削精度：（−0.3,+0.3）mm。

9.5 切口封边

对已经加工完的复合材料制件切边面，可采用DG-3胶、H01-1环氧清漆进行封边保护，以避免新鲜的切边面吸潮，也可避免外力引起的纤维撕裂。

封边的操作流程如下：

（1）配胶　领取在有效期内的胶液，严格按照胶液配比配置胶液，用洁净无污染的玻璃杯或纸杯盛放胶液，配胶时应用电子天平（精度要求0.1g）准确称量各组分，各组分充分搅拌混合均匀，并填写配胶记录。

（2）清洗　用工业擦布蘸取丙酮清洗待封边区域2～3遍，不得有油污或污物残留。周边使用压敏胶带或脱模布进行保护。

（3）刷胶　用洁净、干燥的毛刷或刮胶板将配制好的胶液均匀刷涂在封边区域，刷涂2～3遍，每遍施工间隔15～30min。若有封边胶残留到零件表面必须及时擦除。如果未密封充分，用封边胶对局部区域再次密封。操作时应佩戴细纱手套，不得徒手操作或者触摸已涂胶部位及经过清洗的待涂胶部位。封边位置不允许有缺胶、漏涂及外来杂质。

（4）固化　按各类胶液固化参数执行，并填写固化记录。

本章小结

手工切割修磨、高速带锯、高压水切割是复合材料后加工的重要加工手段，对操作者操作技能要求较高，需熟悉各种手工切割修磨工具及设备的适应范围和操作特点。本章对复合材料后加工的劳动保护和主要操作步骤如划线、切割、打磨、封边等进行了详细介绍。

思考题

1. 手工切割、修磨的优缺点是什么？
2. 如何将一长方形层压板零件切割为一圆形层压板零件？
3. 带锯切割机可用来切割何种类型的零件？有什么操作注意事项？
4. 高压水切割操作过程中对零件造成质量影响的隐患有哪些？
5. 精密平面磨床有什么加工特点？适用于什么制件的加工？
6. 复合材料的切口为什么需要封边？操作流程是怎样的？

10

检测与交付

成型好的复合材料制品，要进行工艺原始记录、外观、外形、重量、厚度、树脂含量、内部质量、随炉件性能测试等的检查后才能判断是否能够合格交付。

10.1 检查项目

10.1.1 表面质量

10.1.1.1 目视检验要求

（1）制件表面（特别是贴模面）应光滑平整，不允许有树脂堆积、铺层皱褶、凹坑、凸起、积瘤和不符合制造要求的铺层搭接；

（2）不允许表面有开裂或碎裂树脂，不允许存在贯穿厚度的缺陷；

（3）不允许表面有擦伤、印痕；

（4）不允许有可见的贫脂区和富脂区；

（5）除工程图纸规定外，制件表面不允许用砂纸打磨；

（6）不允许有可见外来杂物。

10.1.1.2 外形要求

（1）制件外形按模具检查，贴模度不大于 1mm/m ；

（2）对于大型制件（如蒙皮），在检查贴模度时可以用手指轻按（或施加 49N 的力），贴模度不大于 1mm/m。

10.1.2 质量与厚度

（1）复合材料制件质量通常按设计标准质量 ± 5% 或 ± 10% 验收。

（2）层压板的厚度偏差一般应不大于 5% 的名义厚度。

（3）名义厚度 = 单层标准厚度 × 铺层数。

10.1.3 树脂含量

碳纤维单向带为增强材料的复合材料制件的含胶量通常要求为（32 ± 3）% ；织物（碳纤维布、玻璃纤维布、Kevlar 纤维布等）增强的复合材料制件，含胶量通常为（40 ± 3）%。含胶量的计算公式如下：

$$制件含胶量=\frac{制件质量-铺层总面积\times纤维面含量}{制件质量}\times100\%$$

【例】一块随炉件，用纤维面含量为 $132g/m^2$ 的预浸料铺叠而成，共16层，面积200mm×180mm，固化后称重为112g，其含胶量计算如下：

$$制件含胶量=\frac{112g-0.2m\times0.18m\times16\times132g/m^2}{112g}\times100\%$$

$$=32.11\%$$

10.1.4　无损检测

无损检测是在不破坏制件的前提下通过一定的设备和仪器检查制件内部质量的方法。对于复合材料制件通常采用敲击法、超声波法和X射线法来检查其内部是否有空洞、分层、脱粘、夹杂或芯格变形断裂等缺陷，以及缺陷的具体位置、深度、尺寸大小，从而判断是否符合制件内部质量要求。

敲击法是用金属小锤轻轻敲击复合材料表面，通过发出的声音判断内部质量的好坏，若发出的声音清脆表明内部质量良好，若发出的声音混浊表明内部有缺陷。该方法用于不适宜用超声波检测的复合材料构件如玻璃钢制品。

超声波法是利用脉冲超声波通过不同物质的界面时会出现不同程度的图谱变化（相位和振幅）的原理来检测复合材料零件或胶接件内是否存在分层、脱粘、空隙、疏松等缺陷。一般常用的为超声波A扫描和超声波C扫描。超声波法检测内部质量必须采用人工块状标样为基准，通过图谱变化与人工块状标样的对比来判断是否存在缺陷。

超声波A扫描（图10-1）是超声A扫描仪通过耦合剂（复合材料制件可用水）与工件表面接触，垂直入射脉冲超声纵波，穿透制件，在不同材质的界面穿透时发出反射波，通过界面波、底波（穿透制件后底部反射的）与块状标样的对比来判断内部缺陷。通过显示的波形，可以判断缺陷存在的位置和尺寸，但需要依靠检测者的经验，检测精度不高。复合材料单结构层压

图10-1　无损检测之超声波A扫描检测

板内部质量及板板胶接质量通常采用超声波 A 扫描进行检测。

超声波 C 扫描是超声 C 扫描仪的一个探头向制件发射脉冲超声波，用另一个探头在适当位置接收穿越制件的超声波，在显示屏上显示其投影图，通过与人工缺陷的投影图对比来判断内部缺陷。其显示为连续的图形，可以判断缺陷存在的投影位置和尺寸，检测精度较高，尤其适用于蜂窝夹芯结构胶接质量的判断。

X 射线法是用 X 射线穿透不同密度的物体会反映出不同影像的原理来判断复合材料构件内部是否有夹杂、孔洞、蜂窝芯变形等缺陷（图 10-2）。

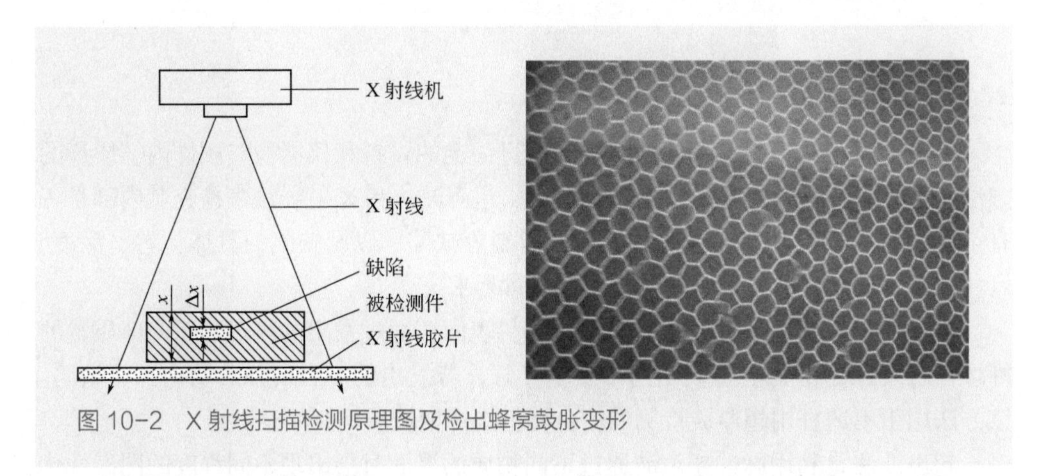

图 10-2　X 射线扫描检测原理图及检出蜂窝鼓胀变形

10.1.5　力学性能测试

复合材料的力学性能通常采用随炉件来间接检查，随炉件是复合材料制件质量的强度试验件。除特殊规定外，每一件复合材料制件必需带有相应的随炉件。随炉件应严格按与产品相同的材料、相同的工艺程序、相同的环境条件、相同的操作人员和相同的设备同炉固化、后处理进行制作。当制件由多种材料的预浸料制造时，随炉件由主要材料制造。复合材料层压板随炉件通常只要求测试弯曲强度和层间剪切强度（图 10-3）。可分别参见 ASTM D790[1] 和 ASTM D2344[2] 试样制备和试验方法。

---

❶ ASTM D790：美国材料实验协会未加强和加强塑料与电气绝缘材料的弯曲性能的标准试验方法。

❷ ASTM D2344：美国材料实验协会聚合物基复合材料及其层压板短梁剪切强度标准试验方法。

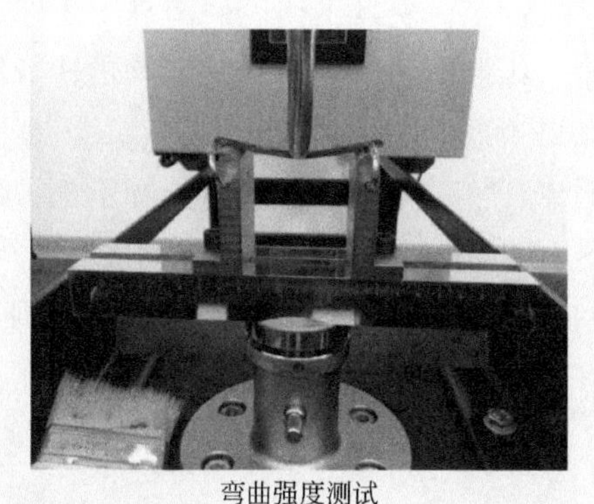
弯曲强度测试

层间剪切强度测试

图 10-3　复合材料的力学性能测试

10.2 交付

只有符合了复合材料零件设计所要求的各项技术指标，复合材料零件才可合格交付，否则将由检验员开出故障单。

故障单是检验部门开出的不符合产品验收要求的故障内容处置单。有些故障可以根据设计和技术部门的返工权限进行返工，而不在返工权限范围内和不能自行判断报废的故障则需要开出不合格品审理单提交给设计部门专门处置。通常分为就此使用、返工和报废处置三种情况。如果是返工，设计会给出返工的具体材料、方法和验收要求，工艺部门根据设计的处置意见进行返工。返工完成后再次提交检验，验收合格后才能接收。

所有的验收文件包括工艺原始记录、产品验收记录、无损检测报告、随炉件力学性能测试报告、故障单以及不合格品审理单都必须留档保存，以供质量追溯。

10.3 碳纤维复合材料层压制品的常见缺陷及原因

（1）气泡、空隙　铺叠时预压实不够，固化时压力太小，加压太迟，真空度不够造成孔隙聚集，挥发分、树脂中裹入的气体或固化反应产生的小分子未排出或未压实等。

（2）皱褶、凹凸不平　铺叠时铺层未平整贴实，纤维搭接、堆积，组装时表面辅助材料起皱［图 10-4(a)］，均压板与坯料配合差；模具工作表面清理不干净，脱模布铺贴不平整；软模清理不干净、不平整，组装时有异物未排除，均可造成制品表面皱褶或凹凸不平。

（3）分层　预浸料局部被污染，铺叠时未压实，架桥，加压点选择不当，未充分加压，真空泄漏等均可造成制品分层［图 10-4(b)］。

（4）夹杂　操作不仔细、铺叠时加入异物如背衬纸、辅助材料或预浸料余料等。

(a) 褶皱

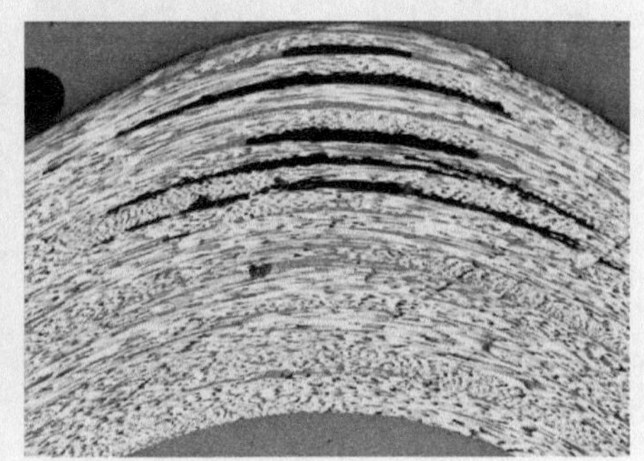

(b) 分层

图 10-4　分层和褶皱示意图

（5）贫胶或富胶　主要因为铺叠时局部纤维未充分铺叠到位，如架桥，造成预浸料与模具间存在间隙，树脂流动产生局部树脂富集或树脂缺乏。

（6）翘曲变形　设计不合理，铺层角度不准确，零件温差大，零件内部应力大，内部应力释放不均。

（7）厚度不均　架桥造成溢胶的流向及流速掌握不准；辅助材料使用不当；铺层滑动等。

（8）纤维撕裂　脱模时去除辅助材料撕扯到制件表面纤维，或加工刀具误碰，或产品周转过程中表面部分纤维被拉起与制件分离（图 10-5）。

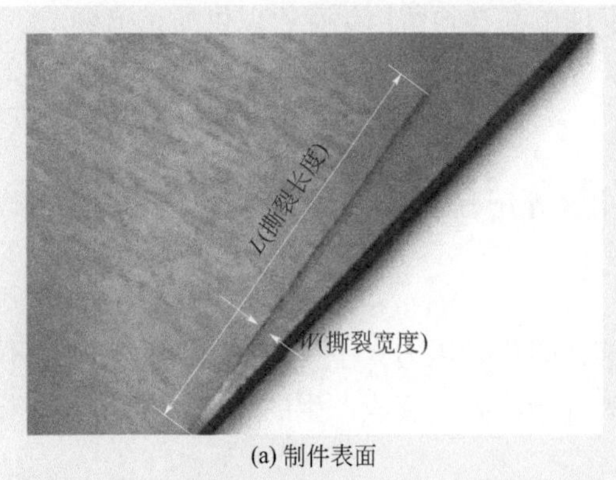

(a) 制件表面

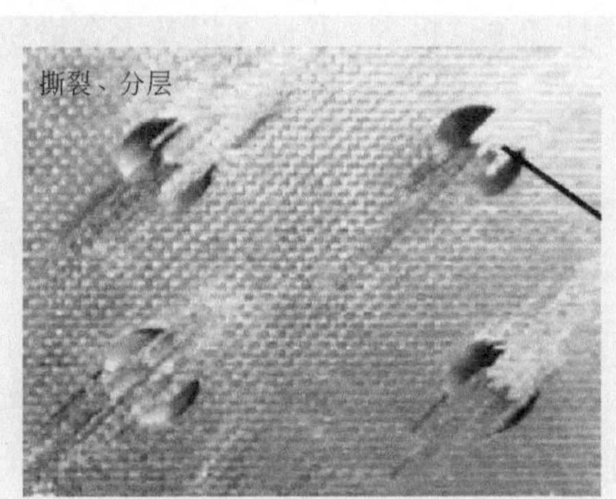

(b) 钻孔背面

图 10-5　纤维撕裂示意图

本章小结

成型好的复合材料制品，要检查工艺原始记录、外观、外形、重量、厚度、树脂含量、内部质量、随炉件性能测试等后才能判断是否能够合格交付。本章分析了碳纤维复合材料层压制品的常见缺陷及产生原因。

思考题

1. 成型好的复合材料制品，要进行哪些检查后才能判断是否合格？
2. 随炉件力学性能不合格对零件交付有何影响？
3. 复合材料制件通常有哪些无损检测方法？各适用于哪些复合材料制件？
4. 碳纤维复合材料层压制品有哪些常见缺陷？产生原因有哪些？

11

夹层结构与结构胶接

11.1 夹层结构的特点

夹层结构是复合材料应用的一种重要形式。飞机结构不仅要求重量轻、强度高，而且要求有足够的刚度。夹层结构正是为了满足这种要求而发展起来的。

夹层结构是由两块薄、硬但密度较大的面层材料（称为面板或蒙皮）及夹在中间的厚、轻和较软的芯层材料（称为芯子或夹芯）组成。芯子使两块面板保持一定距离，因而增大了面板的惯性矩及弯曲刚度，使夹层成为一个有更高强度和刚度的、重量较轻的复合材料结构。

一块夹层结构平板，当受轴向（平行于面板）拉伸时，承受拉伸载荷的主要是夹层结构的面板；若受法向拉伸时，则主要取决于芯子强度或芯子与面板结合的强度。

夹层结构平板若受法向压缩载荷，其法向承受能力取决于芯子的压缩强度，而且所能承受的压力比纯芯子的大。

显然，面板与芯子间要求有足够的结合强度，以承受剪切和拉伸应力。为此，将面板与芯子结合在一起的胶黏剂体系是十分重要的。

夹层结构的优点是：强度重量比高、承载高、疲劳性能好、有较高的声振疲劳极限、表面光滑、稳定性好。夹层结构已成功应用于机翼、旋翼、地板、舱板、隔墙、机身壁板等飞机的各种结构部位（图 11-1）。

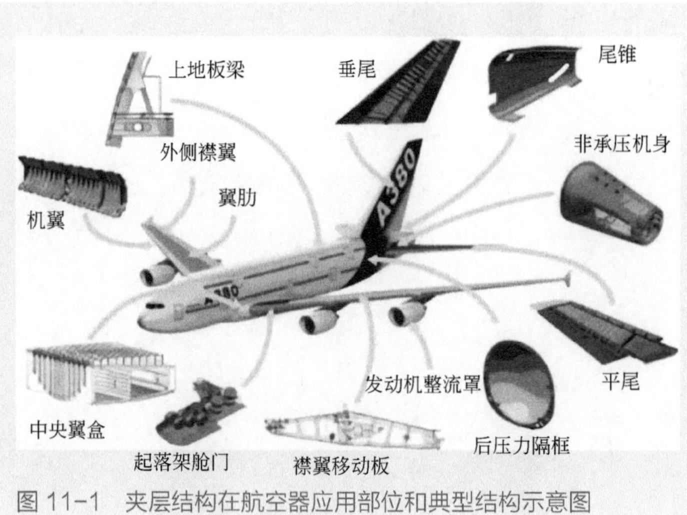

图 11-1　夹层结构在航空器应用部位和典型结构示意图

11.2 夹层结构的材料

11.2.1 面板

理论上几乎任何板材都能作为夹层结构的面板。根据不同的要求，夹层结构的面板可以选用纸板、木板、各种金属板、塑料板、石棉板和复合材料板等。其中用得最多的是铝合金面板和复合材料面板。

复合材料面板的种类也很多，例如玻璃纤维复合材料、碳纤维复合材料、芳纶复合材料以及混杂纤维复合材料等。选择哪一种材料作面板，应当考虑它与芯子材料的匹配性，否则，夹层结构可能发生变形或电化学腐蚀等问题。

11.2.2 芯子

11.2.2.1 对芯子的一般要求

作为夹层结构的芯材，一般要求是：

① 密度小；

② 有足够的压缩强度和剪切强度；

③ 与面板材料有较好的相容性。

常用的芯层材料有蜂窝、泡沫塑料和微球材料。

11.2.2.2 蜂窝

蜂窝又称蜂房或蜂巢。它是指人工制造的、具有与蜜蜂蜂巢相似结构的一种材料。

（1）蜂窝的分类　蜂窝的种类很多，分类方法主要有：按蜂窝骨架材料分类、按蜂窝容重分类、按蜂窝的孔格形状分类等。

① 按蜂窝骨架材料分类：棉布蜂窝、玻璃纤维布蜂窝、纸蜂窝、石棉蜂窝、铝蜂窝、不锈钢蜂窝、钛蜂窝等，其中应用得最多的是铝蜂窝、玻璃纤维布蜂窝和聚NOMEX 纸蜂窝。

② 按蜂窝容重分类：可分为低密度蜂窝和高密度蜂窝。高密度蜂窝指的是不锈钢蜂窝和钛蜂窝，其余是低密度蜂窝。高密度蜂窝的应用较少，仅限于飞机发动机周围的高温区使用。

③ 按蜂窝的孔格形状分类：正六角形蜂窝、菱形蜂窝、矩形蜂窝、正弦线形蜂窝、加强六角形蜂窝、偏移六角形蜂窝等。将蜂窝制成各种几何形状，是为了满足

应用性能的不同需要，但是大量使用的是正六边形蜂窝。

（2）蜂窝的几何尺寸表示法　蜂窝的密度大小，主要靠蜂窝格孔的大小来控制，在我国是按正多边形的边长来表示蜂窝格孔的大小。

蜂窝是各向异性材料，为了区分各向异性上的性能，蜂窝在直角坐标体系中的方向是有统一规定的。其中：

X 轴向——蜂窝的胶接面方向（*L* 方向）；

Y 轴向——垂直蜂窝的胶接面方向（*W* 方向）；

Z 轴向——蜂窝的高度方向。

在直角坐标系中的蜂窝芯见图 11-2。

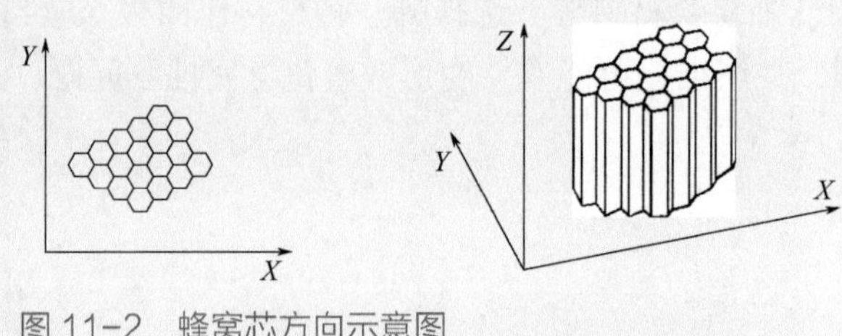

图 11-2　蜂窝芯方向示意图

（3）蜂窝的特性　对于玻璃纤维布蜂窝和纸蜂窝来说，单纯的骨架（玻璃纤维布、纸）不能承受载荷或承受载荷很小。这类蜂窝还需要浸渍树脂体系后才能用作结构材料。

蜂窝的密度可变范围很大，它可以根据设计要求，调整蜂窝格孔大小、壁厚、和树脂含量，制造出各种密度的蜂窝。密度不同，蜂窝的力学性能也不一样。对于同一种蜂窝，一般是随着密度的增加而力学性能增强。

如前所述，因为蜂窝是各向异性材料，所以在其各方向上的力学性能是不同的。例如，蜂窝的 *X* 轴向的弯曲强度要比 *Y* 轴向大得多。*Z* 轴向的压缩强度随蜂窝的高度不同而不同，蜂窝越高，其压缩强度越低。

蜂窝的隔热、隔音、减振性能好，玻璃纤维布蜂窝，特别是 NOMEX 蜂窝，具有优良的高频电气性能。另外，蜂窝适于机械化自动化生产，运输方便。

所以，蜂窝是夹层结构的理想芯材之一。国内现行使用的 NOMEX 蜂窝产品通常表示为 NRH-2-80（0.08）、NRH-2-48（0.08），分别为牌号 - 蜂窝格边长 - 密度（壁厚）。

11.2.3　胶接用胶黏剂

（1）蜂窝芯条胶（节点胶）　芯条胶是用于制造蜂窝的胶黏剂，要求有足够的韧性和一定的耐热性，能使蜂窝芯有足够的节点强度。

（2）蜂窝浸渍胶　浸渍胶主要用于蜂窝芯骨架，使其有足够的强度和韧性。酚醛清漆、环氧树脂和不饱和聚酯树脂等，都可用作蜂窝的浸渍胶。

（3）板芯胶　板芯胶是将面板与芯子黏结成夹层结构的胶黏剂。国内现行使用的有 J-116A、J-159 结构胶黏剂等。

（4）封边胶　封边胶用于蜂窝芯侧面或边缘部分与封闭元件的胶接和填充，也用于蜂窝芯的拼接。国内现行使用的封边胶有 J118、J-273 发泡胶等。

11.3 典型蜂窝夹层结构的成型

蜂窝夹层结构的制造，可分为湿法成型和干法成型两类。这里主要介绍干法成型的工艺过程。

面板、蜂窝芯和胶膜三者的组合关系如图 11-3。

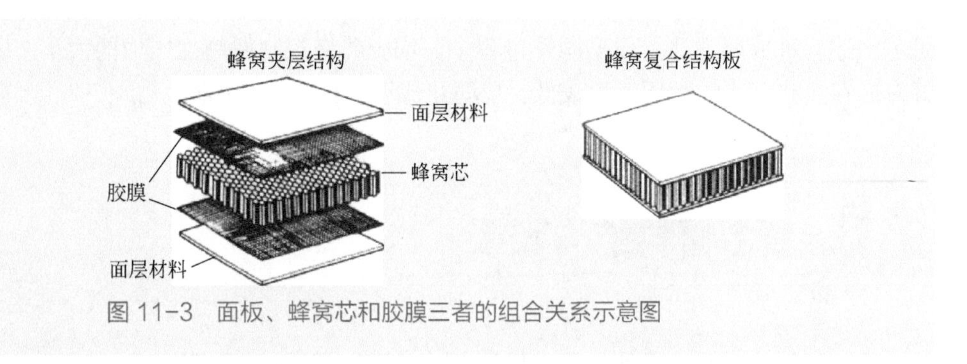

图 11-3　面板、蜂窝芯和胶膜三者的组合关系示意图

11.3.1　组件的准备

（1）面板的准备　面板材料可以是任一种纤维或织物的预浸料，按所需大小剪裁预浸料，按铺层设计和厚度要求组合预浸料，备用。

（2）蜂窝芯的准备　将已浸渍树脂并固化了的蜂窝块剪切成需要的大小，用砂纸打磨蜂窝的上下表面，使其平整无毛刺。

（3）胶膜的准备　根据面板和蜂窝芯的材料，选择能与二者匹配的胶膜，裁成与面板和芯子相等的大小，备用。

11.3.2　夹层结构的成型

蜂窝夹层结构的成型，可分为一步法、两步法和三步法。

11.3.2.1 一步法成型（共固化）

按照图 11-3 所示的组合关系，将面板、蜂窝芯和胶膜组合在一起，按照所用树脂体系的固化条件固化，即成蜂窝夹层结构。

一步法的工艺简单，制造周期短，蜂窝芯与面板胶接强度高。但是，制品表面有蜂窝压痕，不光滑。夹层结构的内部质量不易检查。

11.3.2.2 两步法成型（共胶接）

将面板之一先进行固化，再按图 11-3 所示的关系组合并固化之。

两步法制得的夹层结构，仍有一面不光滑，蜂窝与非先固化的层板胶接强度高，但比一步法增加一道工序，内部质量也不易检查。

11.3.2.3 三步法成型（二次胶接）

先行固化上下面板，将蜂窝芯与面板之一组合并进行固化，第三步进行蜂窝芯与另一面面板的组合并固化。或蜂窝芯与固化后的上下面板一起组合并进行固化。

三步法制得的夹层结构上下表面光滑，并可以对各工序进行检查。但是三步法的工序多，制造周期长。

上述三种成型方法，成型固化过程中，均应严格控制所施加压力的大小。因为蜂窝芯在热状态下的承压能力较低，要防止成型过程的蜂窝塌陷。

11.4 复合材料结构胶接

目前国外航空业大量地使用整体胶接技术进行零件组件的装配生产，传统的铆接装配正逐步被替代。与传统铆接工艺相比，结构胶接在产品结构及生产工艺方面的优势非常突出。

11.4.1 结构上的优点

（1）由于用了高分子胶膜作为连接层和强度层，使整个结构的耐疲劳性能大大增加。

（2）由于结构胶接的优化设计，使整个结构的强度刚性趋于同一性，承载更加合理

（3）由于减少了大量的铆钉及不必要的支撑梁、肋，使整个结构重量大大下降。

（4）不钻孔时纤维不被破坏，连续性好，结构完整。

（5）密封性好。

11.4.2 工艺上的特点

（1）由于胶接面配合一般在 0.1 ～ 0.2mm，故零件的协调性要求很高。

（2）由于采取整体胶接，因此部件生产周期大大缩短。

（3）由于胶接的不可拆性，因此工艺补偿较难进行。

（4）由于内部质量要求很高，因此大量依靠无损检测。

（5）由于对材料保管及生产操作过程的环境条件有特殊要求，因此工艺控制要求苛刻。

11.4.3 结构胶接的环境条件

复合材料胶接同样要求在净化间内进行组装封袋，不过如果在同一净化间内同时操作复合材料层压板和复合材料胶接件，应该相隔一定的距离，且各自的操作人员不得互访，工具不得交叉使用。

11.4.4 结构胶接的工艺流程

结构胶接的工艺流程见图 11-4。

预装配 ➡ 表面处理 ➡ 校验 ➡ 胶膜铺贴 ➡ 组装封袋 ➡ 进罐固化 ➡ 脱模检测

图 11-4 胶接工艺流程示意图

（1）预装配 根据胶接结构将需要胶接的零件在型架上进行冷装配，检查外形和定位关系，进行适当的修配协调并钻制工艺定位孔。

（2）表面处理 将预装件拆分，全面清洁，对零件的胶接面进行表面粗化处理，以增加胶接界面的黏结力。对于复合材料零件的胶接面通常采用物理粗化，有两种方式，一种是用砂纸手工粗化，另一种工业化的做法是进行喷砂处理，粗化效果均匀且效率高。对于金属结构胶接，金属的胶接面需采用化学表面处理的方式，根据金属材质通常会选择磷酸阳极化或铬酸阳极化。

（3）校验 校验是在胶接件的胶接面放置校验膜，然后组装封袋，模拟胶接固化的压力来检查胶接面的配合情况。校验膜可选择专门的校验材料，也可以选用胶膜（包覆隔离膜）。校验膜在校验温度和压力下随胶接面的配合间隙产生流动，量取校验膜的厚度变化来检查胶接面的配合情况，并以此对最终的胶膜铺贴进行补偿。

（4）胶膜铺贴 在零件的胶接面铺贴胶膜，并根据校验情况进行适当补偿。胶膜拼接必须采用搭接的方式，搭接宽度 3 ～ 5mm。为防止铺贴胶膜时裹入空气，通常会对铺好的胶膜进行热封压。对于板芯胶接，要求将胶膜铺贴在面板上进行热封压，这样对胶接强度更有利。

（5）组装封袋　按预装结构在胶接模具上进行组装和定位，为避免胶接件压塌和侧压收缩，按要求安装支撑块和挡块，封制真空袋。

（6）进罐固化　将封装的胶接组件和胶接随炉件放入热压罐，按胶接参数进行固化。通常会在加压的同时将真空通大气，然后升温至胶膜的固化温度进行恒温。恒温结束后保压降温，至60℃以下卸压开罐。

（7）脱模检测　胶接件的检测通常包括外形外观检测，胶接质量的无损检测，随炉件力学性能检测以及重量检测等，这些技术指标均符合要求的情况下才能合格交付。

11.5 复合材料胶接件常见缺陷及原因

大曲率复杂型面夹芯结构的复合材料组件是复合材料制造技术的一个难点，极易产生缺陷，其缺陷有翘曲或扭曲变形、孔隙、分层和脱粘等。

11.5.1 翘曲或扭曲的原因分析

（1）蒙皮铺层设计不合理；

（2）蒙皮铺层操作不准确；

（3）蒙皮与夹芯材料的热力学性能相差太大且各方面不一致；

（4）内应力释放不完全；

（5）操作不当，造成贴模不好；

（6）成型方法不当，工序安排不合理。

11.5.2 孔隙或分层的原因分析

（1）铺叠的方式不对，空气不易排除；

（2）加压点选择不当或压力不够；

（3）预压实或预吸胶控制不准确；

（4）预浸料树脂含量偏低。

11.5.3 板板或板芯脱粘的原因分析

（1）胶膜填充不足，组装协调不好；

（2）胶膜裹气或挥发分无法排出；

（3）界面处理或保护不当造成污染。

板板和板芯结构胶接示意见图 11-5。

图 11-5　板板和板芯结构胶接示意图

本章小结

夹层结构是复合材料应用的一种重要形式。本章详细讲述了复合材料夹层结构的结构特点和组成材料，介绍典型的蜂窝夹芯结构的三种成型方式和工艺特点。总结了复合材料结构胶接与传统铆接工艺相比，在产品结构及生产工艺方面的优势和特点，介绍了结构胶接的工作环境和工艺流程，并对复合材料胶接件常见缺陷进行了原因分析。

思考题

1. 复合材料夹层结构的特点是什么？由哪些材料组成？

2. 典型的蜂窝夹芯结构有哪三种成型方式？其工艺特点是什么？

3. 复合材料结构胶接与传统铆接工艺相比，在产品结构及生产工艺方面有什么优势和特点？

4. 复合材料结构胶接的工艺流程是什么？

5. 复合材料胶接件常见缺陷有哪些？造成这些缺陷的原因有哪些？

12 复合材料的修补

复合材料制件在生产制造和使用过程中不可避免地会存在缺陷和遭受损伤，复合材料结构的修理是一项专门的技术。通常有涂胶修补法、灌注修补法、灌封修补法、贴片修补法和挖补修补法等。

12.1 涂胶修补法

对于制件表观缺陷，如表面划痕、凹坑、局部贫胶、轻微皱褶等。采用外表涂胶的表观修饰方法，通常采用与制品树脂基匹配的低温固化胶，如 HY914、DG-3 胶。固化后用细砂纸打磨光洁平整。

具体操作（图 12-1）如下：

（1）确认缺陷数量和具体位置。

（2）使用溶剂（丙酮或丁酮）对缺陷区域进行清洁。

（3）采用 150 目筛以上的砂纸打磨损伤区域，不要伤及纤维，同时对损伤区域附近区域的表面进行粗化。

（4）再次对打磨区域进行清洁，清洁后使用足够薄的胶带贴在打磨区域四周。

（5）调配胶液，注意检查工艺文件的要求和产品包装盒的要求是否一致，并填写胶液调配记录。

（6）在使用期内，将胶液充分填入修补区，然后使用刮刀将胶液沿着损伤方向刮平。

（7）去除胶带，按规范进行固化。去除胶带是为了使胶液流淌，不形成台阶。刮平修补一般采用常温固化，加热固化则可以采用热风枪。

（8）固化后打磨。在刮胶区两侧再次贴上胶带，防止打磨时损伤旁边的非修补区域，使用 150 ～ 180 目筛的砂纸平滑过渡。

（9）去除胶带，清洁。

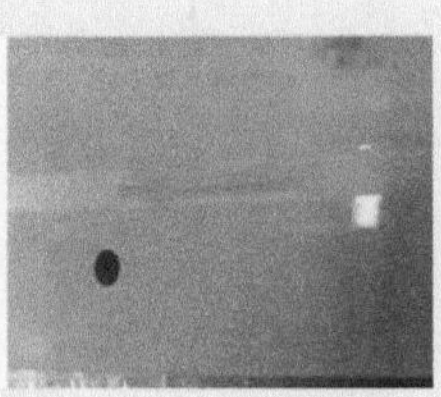

图 12-1　涂胶修补示意图

12.2 灌注修补法

对制件的小面积脱粘和分层如孔边分层、结构边缘的分层、层板的鼓包、脱粘等损伤，可以采用灌注树脂的方法。这种方法无须去除损伤区域的材料，将流动性和渗透性好的低黏度树脂直接注入分层和脱粘区域使之固化粘合。如果选择注射的方式，一般要有注射孔和通气孔（出胶孔），这些孔要通过损伤层。

以边缘受到冲击造成铺层出现分层为例，具体操作（图 12-2）如下：

（1）确认缺陷的具体位置。

（2）分层区域清洗与烘干：使用较薄的刀片将分层区域轻微撑开，将清洗溶剂通过针筒注射进入分层部位，使用热风枪在 65℃温度下干燥至少 15min。

（3）调配胶液，注意检查工艺文件的要求与产品包装盒的要求是否一致，并填写胶液调配记录。

（4）注胶：若分层较浅，使用毛刷刷涂充分的胶液，若较深，则使用注射器注胶。注胶过程中用金属片分开缺陷区，用加热枪促进树脂的流动性。

（5）用合适的夹持装置将缺陷区夹住，以胶液刚好流出为宜，若分层区域较大，还需使用均压板，保证压力施加均匀。

（6）修补区固化。根据胶液固化参数选择固化方式：

① 常温固化；

② 加热毯或热风枪固化，注意热电偶放在分层区域附近。

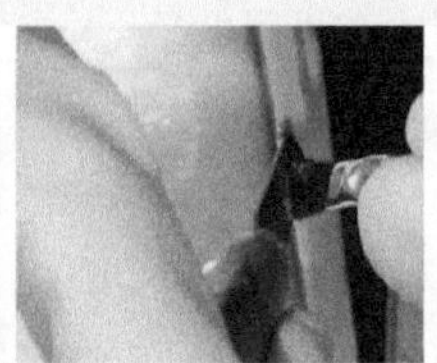
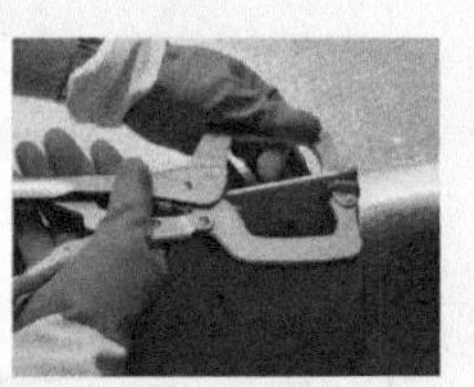

图 12-2 灌注修补法示意图

12.3 灌封修补法

灌封修补是将填料填充或灌注到损伤区以恢复其结构完整性的一种修补方法。通常在一些装饰结构和受载较小的蜂窝夹层结构上使用。其修补的损伤形式主要表现为部分蜂窝芯的损伤、蒙皮位置错钻孔、孔径尺寸过大等。比如用结构胶混合短切纤维填堵蒙皮的错钻孔或锪窝过深造成的缺陷。

灌封修补（图 12-3）具体操作如下：

（1）修补区预处理　确认灌封修补孔，用 180 目筛的砂纸打磨待修补孔，用丙酮清洗孔及周边区域，且擦拭干净。然后用带胶脱模布贴在孔周边，对修补孔周围进行适当的保护，以防止损伤复合材料结构及表面涂层。如果是盲孔，尽量将所要修补的孔朝上放置。如果是通孔，在灌封孔的底部贴上胶带，并使用划针或者戳刀刺出 2 ～ 3 个小孔，便于在灌封过程中排出气泡。

（2）准备修补材料　从冻库取出结构胶，密闭状态下解冻至室温才可启封使用；领取碳纤维，用剪刀将碳纤维剪成短纤维，长度 1 ～ 3mm；按一定的重量比称取胶液和纤维，并混合均匀。可用电吹风帮助混合，但须控制胶黏剂温度小于 50℃。

（3）填胶　使用合适的工具（针筒或文件袋边角）盛装灌封胶，将配置好的胶料填塞在待修补孔内，使胶料完全填满，确保胶料高于孔周边表面 1 ～ 2mm；如果是通孔，应保证孔的两面出口胶料高于孔周边表面 1 ～ 2mm。填堵过程中，可借用电吹风协助填胶，并溢出气泡。填满胶后使用透气四氟布和压敏胶带覆盖堵孔的胶料。

（4）固化　可采用以下 4 种方式固化。

① 烘箱或热压罐固化。

适用范围 : 当修补位置零件可拆卸放入烘箱或热压罐，且可耐 130℃以上的高温时，优先考虑。

组装方法 : 放置无孔隔离膜、透气毡，封装真空袋，零件若较小尽量使用信封袋。热电偶固定在孔周边。

按灌封胶的固化参数完成固化。

② 电热毯固化。

适用范围：无法使用烘箱或热压罐，修补位置可封真空袋，若孔较集中推荐使用电热毯固化。

组装方法：修补位置放无孔隔离膜、透气毡，然后放置电热毯，封装真空袋，温控热电偶固定在孔周边，封在真空袋内。

按灌封胶的固化参数完成固化。

③ 电吹风固化。

适用范围：无法使用烘箱或热压罐，无法封装真空袋，孔较少，推荐使用电吹风，最好是可调温度的电吹风。

控温方法：孔边放置温度计用于测量温度，调节电吹风出风口与修补位置的高度，使温度计温度在灌封胶的固化温度范围内。

按灌封胶固化参数保持恒温时间，完成固化。

④ 烤灯固化（不推荐）。

适用范围：无法使用烘箱或热压灌，无法封装真空袋，若孔较多且集中可使用烤灯。

控温方法：孔边放置温度计用于测量温度，调节烤灯与修补位置的高度，使温度计温度在灌封胶的固化温度范围内。

按灌封胶固化参数保持恒温时间，完成固化。

（5）修整　用 180 目筛砂纸打磨修补孔一端或两端多余的胶料，并使修补区平整且表面无孔隙。若打磨后孔隙面积较大，凹陷过深，且后续不重新钻孔，则需对凹陷区重新填胶补平。

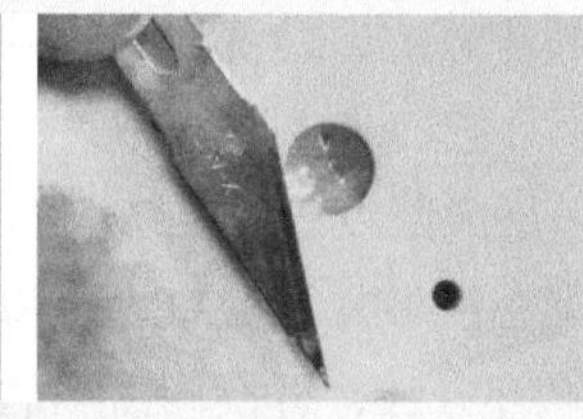
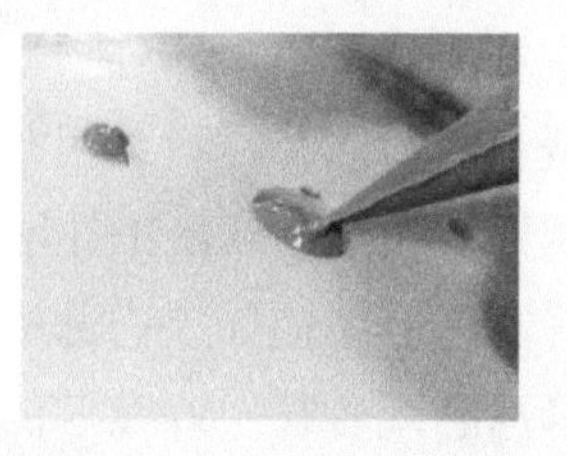

图 12-3　灌封修补示意图

12.4 贴片修补法

贴片修补（简称贴补）法是指在损伤结构的外部，通过二次胶接或胶接共固化来固化一外部补片以恢复结构的刚度、强度及使用性能的一种修补方法。二次胶接修补一般适用于平面或曲率较小的结构，胶接共固化修补则不受此限制。贴片修补法主要是针对气动外形要求不严的结构，下面就贴片修补法中的两种修补方法及其过程作一说明。

12.4.1　胶接共固化贴补修补

胶接共固化贴补修补是指在损伤结构的损伤区域粘贴胶膜及一定层数和取向的预浸料（具体由设计确定），通过胶接共固化（胶膜和预浸料同时固化）使结构恢复功能。修补过程中，可根据具体情况，其损伤部位可保留，也可切除掉，对切除掉的部分一般用填料胶或预先准备好的填补块将孔充填。

12.4.2 二次胶接贴补修补

二次胶接贴补修补是指在损伤结构损伤区粘贴胶膜和补片，补片可以是预先固化好的复合材料层压板，也可以是钛、铝、不锈钢等合金制作的金属板，其优点是补片制作容易，内部质量高（对复合材料补片而言），施工简单，但是对于曲率较大的结构难以实施。

12.5 挖补修补法

挖补修补适用于修补损伤面积较大，情况较严重的损伤。由于这种方法一般采用预浸料作为修补材料，因此对于修补曲率较大或有气动外形要求的表面具有一定的优越性，而且能以最小的增量最大限度地恢复结构的强度。

蜂窝夹芯结构如果内部蜂窝芯区域受损导致无损检测不合格，一般会采用挖补灌封蜂窝芯或者替换蜂窝芯的修补方法，替换蜂窝芯后，蒙皮被打掉的部分需要逐层进行预浸料湿铺进行修补。

本章小结

复合材料制件不可避免会存在缺陷和遭受损伤，本章介绍了复合材料结构修补的主要方法。重点讲述了涂胶修补、灌注修补和灌封修补的操作步骤。

思考题

1. 复合材料结构修补有哪些方法？主要适用于哪些缺陷？

2. 复合材料涂胶修补、灌注修补和灌封修补的操作步骤和质量控制要点是什么？

13 液体成型技术

虽然先进复合材料热压罐成型技术已比较成熟，且广泛用于航空航天等尖端装备领域，但仍然不能满足目前传统工业行业对低成本、高效率的先进复合材料制造的需求。液体成型技术的出现，给这一迫切需求带来了希望，其中以树脂转移模塑工艺（resin transfer molding，RTM）为代表的液态成型技术是研究的重点和发展的主流。液态成型工艺起源于20世纪40年代的Macro法，是通过真空驱动树脂对增强材料进行浸润和包覆，美国海军利用此方法开发了大型玻璃钢船体的制造。到20世纪50年代，液态成型工艺被命名为RTM工艺或注射工艺，用于制造双面光滑的产品。20世纪70年代，RTM工艺被大量使用在海军装备和娱乐设施制造中。到了80年代，航空器主承力结构、次承力结构以及汽车结构件和体育用具开始使用RTM工艺。目前，空客A380和波音787飞机都已大量在使用RTM工艺制造先进复合材料零件，F-22飞机上使用RTM制造了约400件高温环氧树脂和双马来酰亚胺树脂基复合材料零件，占非蒙皮复合材料结构质量的45%，这些零件公差能控制到0.5%，废品率低于5%，相比金属件可减重超过40%，成本低10%。

RTM成型技术经过多年的发展，目前已经有多种形式的RTM，如真空辅助RTM（VARTM）、高压RTM（HP-RTM）、树脂浸渗技术（SCRIMP）、真空辅助技术（VARI）等十多种方法，大大降低制造成本，其中RTM成型工艺是应用最为广泛和最为成熟的技术。

树脂膜渗透（RFI）是有别于RTM的另一种液体成型技术，在本书的第2章里已介绍。

13.1 树脂转移模塑成型技术（RTM）

树脂转移模塑成型技术（RTM）是在压力注入或/和外加真空辅助条件下，将具有反应活性的低黏度树脂注入闭合模具中浸润干态纤维结构并同时排除气体，在完成浸润后，树脂通过加热引发交联反应完成固化，得到复合材料零件。一般来说，采用RTM工艺成型复合材料零件具有公差小、表面质量高、宜批量生产、生产效率高、适于自动化生产等特点。图13-1为RTM成型工艺示意图。图13-2为RTM成型的工艺过程，主要包括预制体成型、预制体组装合模、树脂注入、加热固化和脱模获得复合材料零件。

相较于热压罐成型工艺，在RTM成型实施过程中，是实现液态树脂对干态纤维的浸润、渗入和包覆的过程。因此，具有低黏度、长使用寿命、高力学性能的树脂体系是RTM成型工艺的关键技术之一，且树脂对于增强体有良好的浸润性、匹

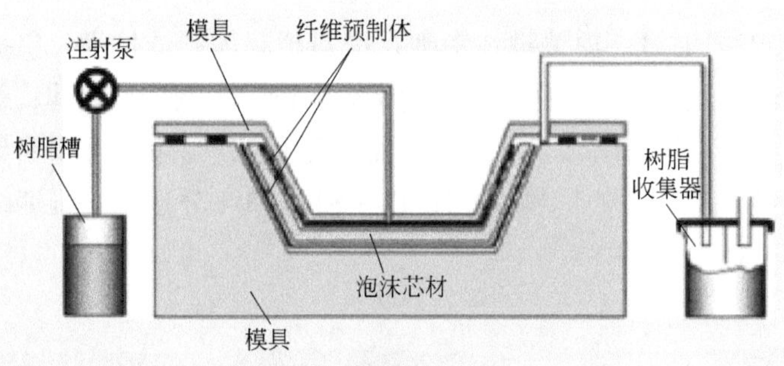

图 13-1　RTM 成型工艺示意图

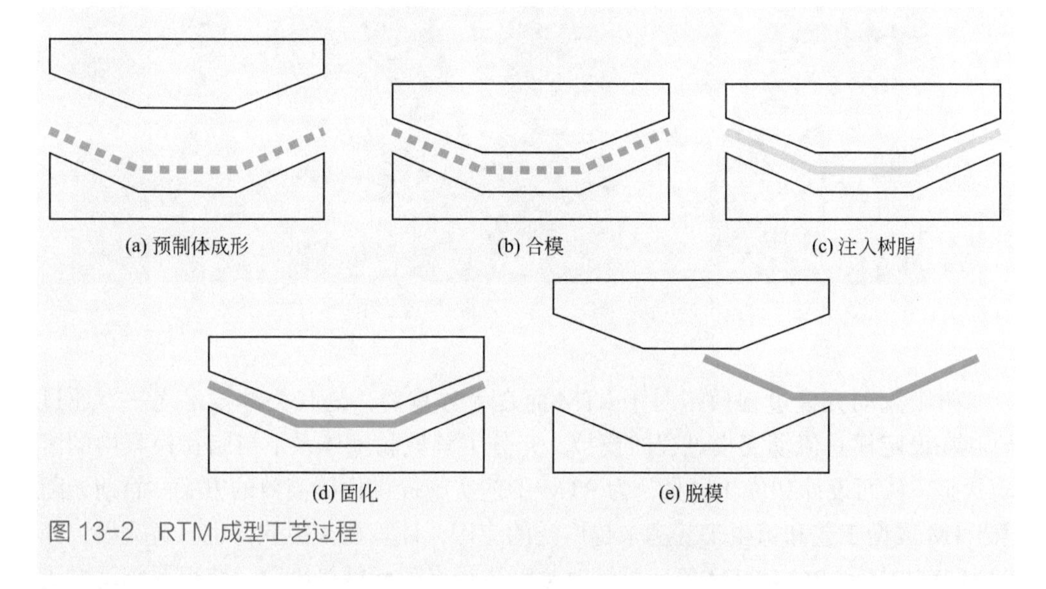

图 13-2　RTM 成型工艺过程

配性和黏附性，在树脂中不含溶剂或挥发物，固化无小分子放出。目前，国外液体成型高性能树脂研制与生产商主要有美国的 Cytec（氰特）公司、Hexcel（赫氏）公司和欧洲的 TenCate 公司，树脂体系主要为环氧树脂体系，也有一些双马来酰亚胺、氰酸酯和聚酰亚胺等树脂体系。美国 Cytec 公司生产的 5250-4RTM 双马树脂和 PR500RTM 环氧树脂是具有典型代表的 RTM 双马和环氧树脂体系。由于 5250-4RTM 树脂具有在注射温度下黏度低的特点，在 F-22 和 F117 飞机的零件制造中得到使用，可大幅降低先进飞行器复合材料零件的制造成本和装配成本。PR500RTM 为单组分 RTM 树脂体系，固化温度为 120℃，冲击后压缩强度（compression strength after impact，CAI）值达到 234MPa，抗疲劳性能好，在 F-22 飞机的驾驶舱支架、地板加强肋和接头等部位得以使用。国内已经发展了环氧 3244、环氧 5284 和双马 4421、QY8911-IV 等 RTM 树脂体系，并已开始在歼击机和大型飞机上进行验证考核。

RTM 成型工艺中另一项关键技术则是增强预制体制造技术，包括黏结和纺织预定型技术。黏结预定型技术采用刷 / 喷涂法和粉末法制造预制体；纺织预成型包括二维、二维半和三维编织、三维机织多轴经编（NCF 织物）和缝合制造技术。不同预制体制造技术应用于不同构件。图 13-3 和图 13-4 分别是二维编织和三维编织预制体示意图。

图 13-3　二维编织预制体示意图

图 13-4　三维编织预制体示意图

树脂流动充模过程模拟对于 RTM 而言十分重要，是其关键技术之一。通过树脂在设定模具流动充模过程的模拟，充分了解该黏度体系下树脂在模具内的流动状态，从而设计和优化模具，为 RTM 工艺实施提供便捷高效的方案。目前，随着 RTM 成型工艺和衍生工艺越来越广泛的应用，计算机模拟软件也日益完善，如 RTM-WORX 和 PAM-RTM 等，可针对模型进行有限元网格剖分，获得树脂动态流动云图和树脂的压力云图，以此来输出成型方案。

与其他复合材料成型技术相比，RTM 成型技术具有以下优点：

（1）设计性强。在 RTM 成型工艺中，与其他工艺相比最大的不同是采用预制体作为增强相。由于增强相可为单向纤维或者织物，也可为二维 / 三维针编织物，甚至可以在不同部分采用择向增强、局部增强、混杂增强或者预埋及夹芯结构等。通过这种二维、三维预制方式，有效地增强了复合材料设计性，拓宽了先进复合材料的应用领域。

（2）产品复杂度高。由于预制体成型特征，在闭合模具注射成型，在完成各类复杂形状制件的制造，同时，由于可用计算机模拟分析，加速了模具设计与优化时间，进而缩短了生产准备时间，提高了生产效率。

（3）成本低。RTM 成本主要由预制体织造和树脂决定，纤维织造成预制体的价格相对较低，只比碳纤维本身高出 5% ～ 20%，而树脂注射成本相对于热压罐的预浸料工艺成本要低，而且工时和人力相对也较少，也进一步降低了先进复合材料的制造成本。

（4）环境友好。由于闭合模具成型，加上树脂几乎无挥发性成分和溶剂，制件一方面表面质量高、尺寸精度高，另一方面还兼具环境友好特征。

13.2 真空辅助RTM成型技术（VARTM）

由于 RTM 在闭合模具中实施时流动性、浸润性和气泡排除决定了复合材料制件质量的优劣。因此，开发了一种敞开式模具，在树脂注射的同时设置排气口抽真空，利用真空辅助树脂流动，获得更好的浸润性和排气泡能力，此种工艺被称作为 VARTM 工艺。在实施时，可在模具腔内抽真空后再注射树脂，也可抽真空后闭合模具仅依靠腔内负压提供压差注入树脂，如图 13-5。

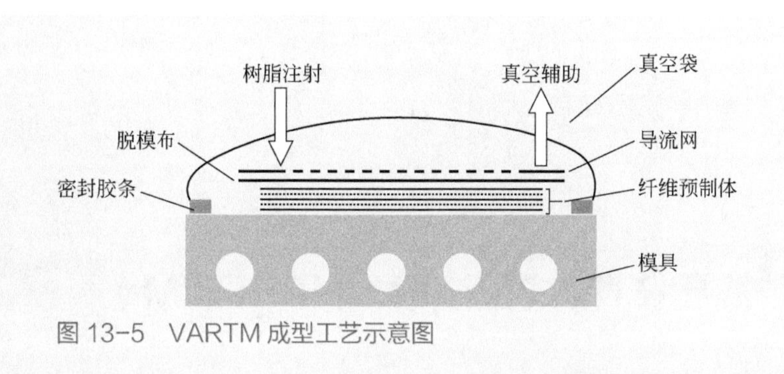

图 13-5　VARTM 成型工艺示意图

与传统的 RTM 工艺相比，在真空辅助下成本可降低 50% 以上，而且，在真空辅助下可以充分消除模具和树脂中的气体，加速树脂的流动，使得 VARTM 生产的制件质量优异。英国 Vosper Thornycroft 公司采用该工艺制造了 270 余艘复合材料扫雷舰，舰艇所用上层建筑和部分内部结构都是液体工艺制成的。同样，使用该工艺制造壳体的还有美国 DD21 Zumwalt 级隐身驱逐舰和瑞典海军 YS2000 Visby 级隐身反潜轻型巡洋舰。在航空领域里，F-35 隐身战机使用该工艺制造了座舱，较传统热压罐工艺成本下降了 38%。在国内，该工艺也被用于制造玻璃钢高速水翼船、超高摩托艇、风电叶片等。

13.3 真空辅助树脂渗透（VARI）

借鉴真空袋法固化树脂，研发了真空辅助树脂渗透（VARI）。真空辅助树脂渗透工艺由传统RTM成型工艺转化而来，与VARTM相比，不需要注射树脂，而是在真空袋和刚性模具组成的模腔中形成负压，利用负压驱动树脂等流体介质流动和渗透，最终实现树脂与纤维的浸润，并在一定温度下固化成型（图13-6）。由于不需要树脂注射设备，相比传统RTM或VARTM来说，制造成本更低，也适用于大规模生产。

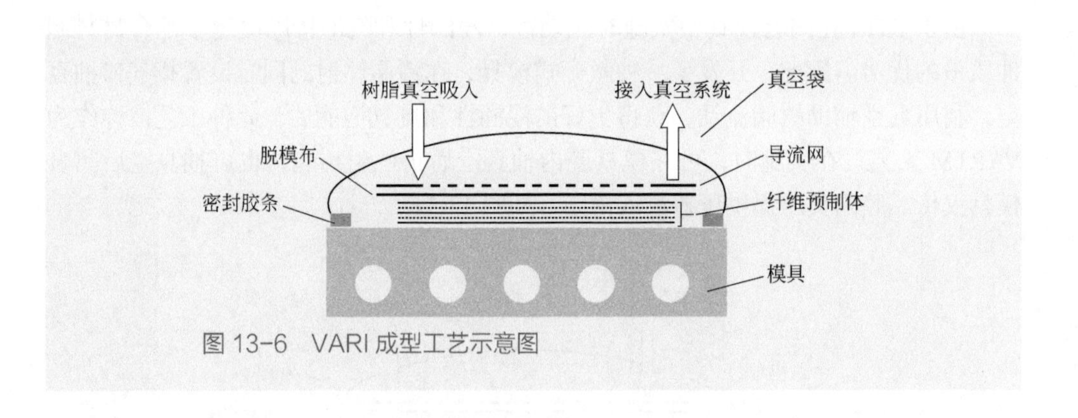

图13-6　VARI成型工艺示意图

13.4 高压RTM成型技术（HP-RTM）

随着民用装备轻量化需求越来越强烈，以汽车为代表，迫切需要一种生产效率更高、成本更低的复合材料制备工艺技术。HP-RTM应运而生，这是一种汽车工业应对大批量生产高性能热固性复合材料零件的新型RTM工艺技术。HP-RTM是高压树脂传递模塑成型工艺的简称，利用高注射压力将树脂注入预先铺设有纤维增强材料的闭合模具内，经树脂流动充模、浸渍、固化和脱模，获得复合材料制品的成型工艺（图13-7）。最为有名的就是德国宝马汽车i3的座舱，正是采用了德国迪芬巴赫公司（Dieffenbacher）和克劳斯玛菲公司（Krauss Maffei）联合开发的高压树脂传递模塑成型工艺（HP-RTM）的自动化生产线生产的（图13-8）。

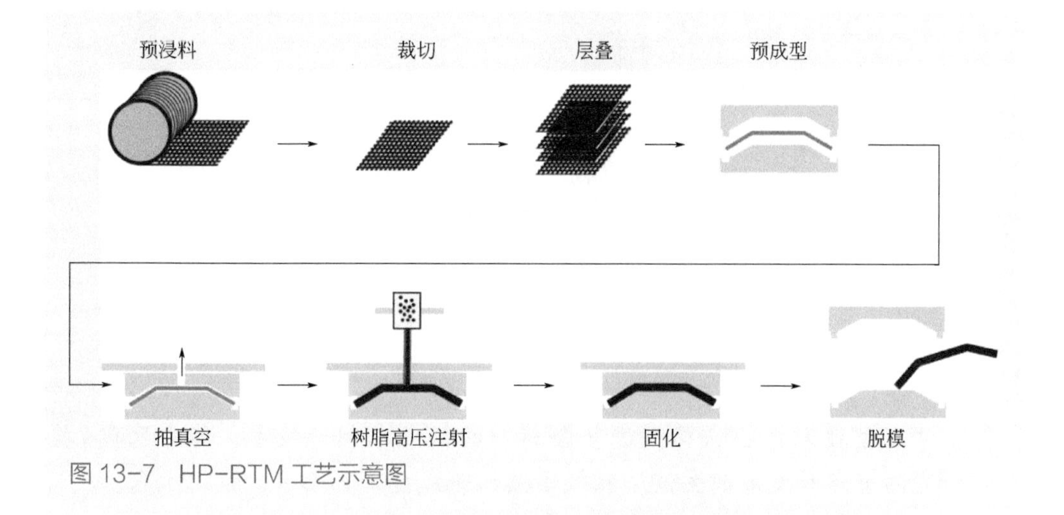

图 13-7　HP-RTM 工艺示意图

图 13-8　迪芬巴赫公司和克劳斯玛菲公司联合开发的 HP-RTM 的自动化生产线

13.5 树脂浸渗成型技术（SCRIMP）

为了解决传统真空浸渍工艺的驱动压力梯度和预成型体的渗透率低的问题，在 VARTM 工业技术基础上进行延伸和发展，开发出了 SCRIMP 工艺。SCRIMP 工艺是由美国西曼复合材料公司（Seemann Composites）研发的一种新型真空辅助树脂注入技术，采用单边硬模，在模具型面上铺放增强材料与各种辅助材料，用真空袋将型腔边缘密封严密，再对型腔内抽真空，由计算机控制树脂注入方向，先从长度方向上充分流动渗透，再向厚度方向上流动渗透，缩短树脂流动路径，实现对纤维的浸润，减少了缺陷的发生，进一步提升了大构件的性能均匀性和质量，见图 13-9。

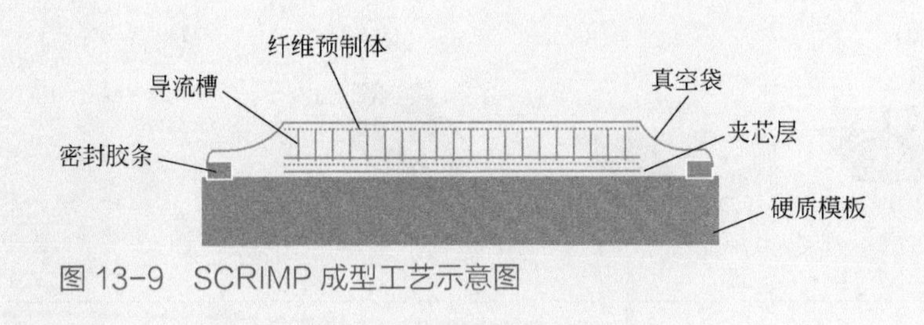

图 13-9 SCRIMP 成型工艺示意图

本章小结

液体成型技术被公认为先进复合材料的低成本制造技术，其中RTM技术是研究的重点和发展的主流。相较于热压罐成型工艺而言，适用于RTM工艺的低黏度、长使用期、力学性能优异的树脂体系，增强预制体制造技术，树脂流动充模过程模拟是RTM成型工艺的关键。本章也对其他液体成型技术如VARTM、VARI、HP-RTM、SCRIMP做了简单介绍。

思考题

1. 从RTM成型的工艺流程特点看，为什么RTM技术成为复合材料液体成型工艺中最重要的技术？

2. RTM成型工艺的树脂体系需要具有哪些特点？

3. RTM成型工艺中增强预制体制造技术有哪些？

4. 为什么说树脂流动充模过程模拟对于RTM模具设计具有积极意义？

5. 与其他复合材料成型技术相比，RTM成型技术具有哪些优点？

6. 除RTM和RFI以外，还有哪些复合材料液体成型技术？各有什么特点？

14 热塑性复合材料成型技术

树脂基复合材料主要分为热固性和热塑性两类，在前面章节中主要介绍的是热固性树脂基复合材料，在过去的半个世纪里，热固性树脂基复合材料几乎完全占据了航空航天和其他高技术应用领域。而热塑性复合材料，特别是连续纤维增强热塑性复合材料，在 20 世纪 80 年代才逐渐在各个领域中展开应用，近年来尤其在汽车制造业中受到重视。热塑性复合材料能逐渐得到应用也是得益于其弥补了热固性复合材料在应用端的不足。

热固性复合材料仍然主要应用于航空航天等高价值装备或设施，究其原因，还是在于热固性复合材料制造的高成本和高难度。目前，由能源问题和环境问题带来的轻量化需求愈来愈强烈，因此也期望先进复合材料能够大规模地应用于交通运输、风力发电、动力设备等领域，实现节能减排、环境可持续利用的目的。但热固性复合材料想要进一步扩大应用，还存在以下瓶颈：

（1）成本高　热固性复合材料相较于相同纤维的热塑性复合材料而言，成本更高，高成本来源于其更加昂贵的加工成型设备、更长的加工周期。

（2）成型周期长，加工效率低　虽然热固性复合材料发展了很多加工成型工艺，如手糊、热压罐、缠绕、模压、液体等，从原料到制品的整个过程上来看，仍然包括纤维浸渍、铺放、树脂固化等工序，少则数十分钟，多则数十个小时，而汽车等工业生产则需要数分钟以内完成。

（3）环境不友好　由于热固性树脂具有不溶、不熔性，造成了由其制成的制品不可回收，同时增强相如碳纤维的回收也十分困难。鉴于此，各国纷纷开展可回收利用的树脂体系研究，以及对碳纤维等增强相的回收技术研究。

14.1 热塑性树脂基复合材料简介

热塑性树脂基复合材料，顾名思义，采用热塑性树脂作为基体材料，使用碳纤维、玻璃纤维等作为增强相，具有受热软化、冷却硬化的性能，可以重复加工的特性。其优缺点如表 14-1。

表 14-1　热塑性复合材料的优缺点

名称	优点	缺点
性能	高韧性 良好耐化学性能 良好耐环境性能	长期使用时存在蠕变
储存/使用	可长期使用 不需要特殊储存条件	铺覆性能较差

续表

名称	优点	缺点
制造/工艺	成型速度快 清洁无污染 制造成本低 可回收利用 质量可控性高	成型温度高 需要相应的成型设备

目前，行业中常用的热塑性树脂有聚丙烯（PP）、聚醚醚酮（PEEK）、聚醚酮酮（PEKK）、聚碳酸酯（PC）、聚苯硫醚（PPS）、聚乙烯亚胺（PEI）、聚对苯二甲酸丁二醇酯（PBT）、聚酰亚胺（PI）、尼龙 6（nylon6）、尼龙 66（nylon66）等。热塑性树脂分子量一般比热固性树脂预聚体要高得多，因而流动性较差。热塑性复合材料的增强相有碳纤维、玻璃纤维、Kevlar 纤维、天然纤维等，增强时可以是短切纤维或纤维毡，也可以是连续长纤维，但在高端装备上应用的多为连续长纤维。

14.2 热塑性树脂和纤维的复合方法

连续纤维增强热塑性复合材料的主要成型形态包括单向纤维预浸料、织物纤维预浸料和混合纤维等方式，其中，预浸料相关产品的应用最为广泛。连续纤维增强热塑性树脂预浸料的制备方法分为两大类：一是预浸渍法，即将流动的液态基体逐渐浸渍纤维内部得到，分为溶液浸渍法和熔融浸渍法；二是后浸渍法，即将热塑性基体以粉末、纤维或薄膜形态与增强纤维结合在一起得到，包括薄膜层压法、粉末混合法、纤维混合法等。

14.2.1 溶液浸渍法

溶液浸渍法，就是选择合适的溶剂，溶剂与相应的热塑性树脂配成低黏度的溶液，其后使用该溶液对纤维束进行浸渍、烘干的复合方法。对于很多热塑性树脂来说，并不能轻易找到可溶的溶剂，这在一定程度上也限制了该方法的应用，且该方法在环境上也存在不友好性，在使用和回收上不可避免地会产生废弃物。另外，浸渍完成后完全去除溶剂比较困难，而在后期成型过程中由于存在少量溶剂挥发会在材料表面或内部形成缺陷及内部空隙，给产品质量带来隐患。

14.2.2 熔融浸渍法

熔融浸渍法是将热塑性树脂加热到熔点以上熔融成低黏度的熔体，将纤维通过后得到浸渍的方法。相比溶液法来说，该方法操作简单、节省材料、环境友好，可精确控制基体的质量分数。该方法仅适用于高熔点纤维。

14.2.3 薄膜层压法

薄膜层压法是将纤维束或织物放置在两层热塑性树脂薄膜之间，在一定温度和压力下将熔融树脂压入纤维中，随后在压力下冷却，对纤维形成树脂包覆。该方法简单、可靠、环保，但在层压过程中需要较大压力才能将树脂压入纤维中，且还需要较长时间才能达到较低的孔隙率。

14.2.4 粉末混合法

粉末混合法是通过各种方式将粉末状树脂基体吸附到纤维表面上，再通过加热的方式实现树脂熔融包覆。主要包括两种方法，一种是干法，将纤维丝束或织物通过有基体的流化床，经过熔炉加热树脂熔化并黏附在纤维上，冷却定型得到预浸料的方法，该工艺成本低，对纤维损伤少；另一种是湿法，将纤维通过含有树脂基体的悬浮溶液充分浸渍后，进入加热炉中熔融、烘干制得预浸料，工艺简单、成本低、适用性广。

14.2.5 纤维混合法

纤维混合法顾名思义是先将热塑性树脂纺成纤维后与增强纤维混合在一起，形成混合纤维束或混合纱。其优点是热塑性树脂的含量可以准确控制，纤维容易得到充分浸润，即可以模压制成预浸带，也可以直接缠绕成型得到制件。但不是所有树脂都能制成纤维，或者需要花费很高代价才能制得纤维。

14.3 热塑性树脂基碳纤维复合材料的基本成型技术

热塑性树脂复合材料的基本加工成型技术根据不同的设备，可分为模压成型工艺、热压罐成型工艺、缠绕成型工艺和拉挤成型工艺。

14.3.1 模压成型工艺

模压成型工艺利用加工设备对模具中的预浸料加热加压，对其进行保温保压一段时间后冷却固化成型的方法，该方法快速高效，适用于高含量的长纤维以及连续纤维复合材料的制备，如图 14-1 所示。

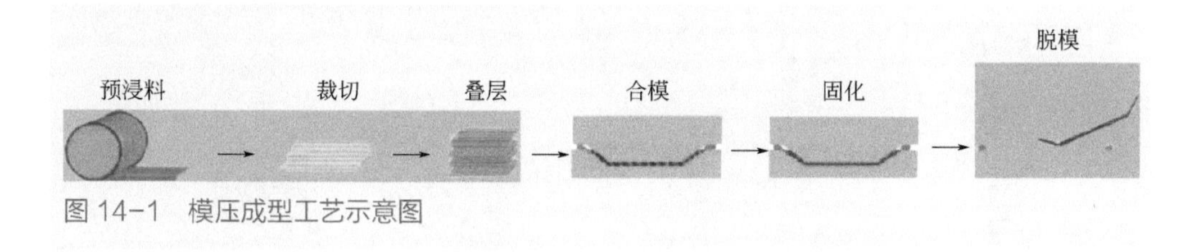

图 14-1 模压成型工艺示意图

14.3.2 热压罐成型工艺

热压罐成型与热固性复合材料成型工艺类似，将热塑性预浸料按照层铺设计叠合好后，使用真空密封在相应的模具上，置于热压罐中，在真空状态下，加温加压一段时间，然后卸压冷却成型。该法制备的复合材料制件具有密实程度高、尺寸公差小、空隙率低等特点，但是该方法能耗大，辅助材料多，成本高。

14.3.3 缠绕成型工艺

缠绕成型工艺将连续预浸料缠绕在相应的模具芯材上，同时使用激光等加热手段将树脂熔融使预浸料逐层粘合在一起，再冷却成型。该生产流程相对得到了简化，生产效率高，缠绕和成型同时完成，如图 14-2 所示。

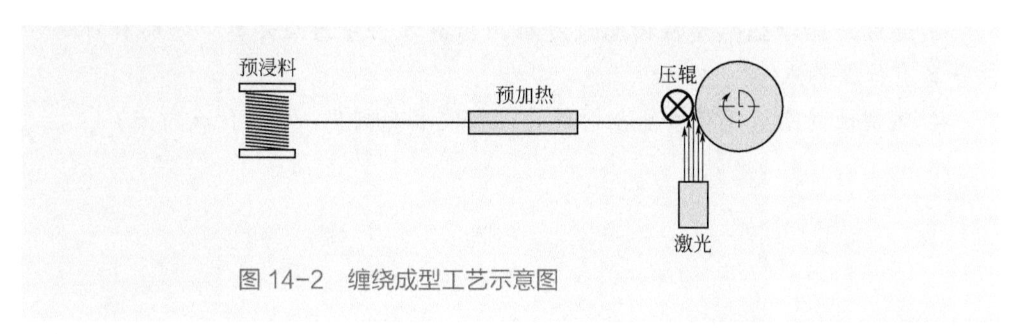

图 14-2 缠绕成型工艺示意图

14.3.4 拉挤成型工艺

拉挤成型工艺是指上浆处理后或未处理的连续纤维丝束经挤出机挤出的热塑性树脂熔体浸渍后，通过口模定型、冷却固结、拉拨的成型工艺，类似于热塑性树脂的拉挤成型工艺，如图 14-3 所示。但是，该法只适合于生产具有恒定横截面的长尺寸制品。

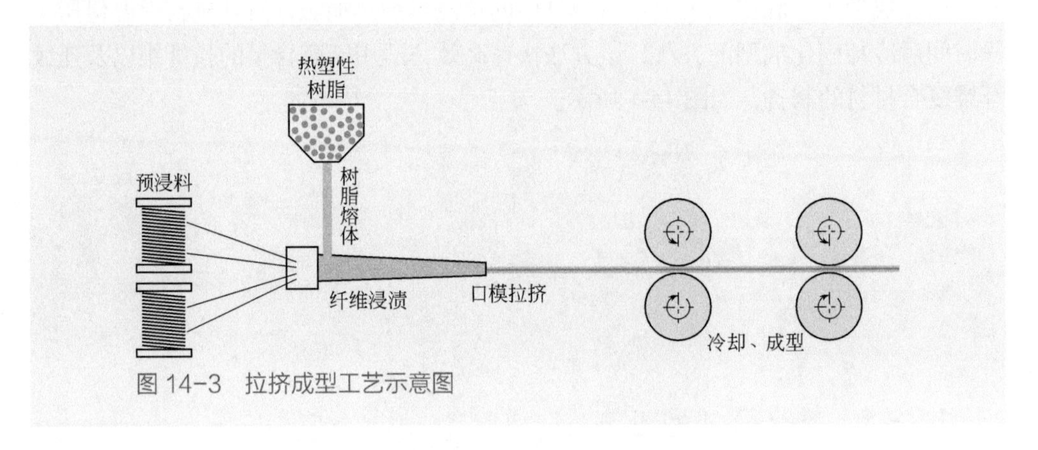

图 14-3 拉挤成型工艺示意图

本章小结

本章指出了热固性复合材料的不足以及热塑性复合材料的优缺点，并简单介绍了连续纤维增强热塑性树脂预浸料的各种制备方法和热塑性树脂基碳纤维复合材料的基本成型技术。

思考题

1. 热固性复合材料有哪些不足？

2. 热塑性复合材料的优缺点是什么？

3. 连续纤维增强热塑性树脂预浸料的制备方法分为两大类，分别有哪些方法？各有什么特点？

4. 热塑性树脂基碳纤维复合材料的成型技术有哪些？各有什么特点？

15

安全卫生与劳动保护

安全卫生是一切作业中应首先考虑的最重要的问题之一。对于复合材料专业来说，复合材料制品的原材料在不同程度上都具有毒性。复合材料切削、打磨时产生的粉尘，纤维絮物等，对人体都有不同程度的危害。因此，要充分重视并制定相应的规章制度，创造一个安全、舒适的工作环境，使劳动者在劳动中得到保护。

15.1 作业场所的潜在危险

复合材料用原材料可按照经口毒性标准来衡量，但操作人员经口中毒的可能性很小，而且原材料基本属于中等毒性和轻度毒性，以轻微毒性为多数。尽管如此，长期接触这些原料，对人的健康还是有影响的。可能存在的危险如下：

玻璃纤维能刺激人的皮肤，引起瘙痒和皮炎。碳纤维对皮肤刺激更甚，纤维钻入皮肤毛孔内难以清除。

复合材料成型过程中会接触到一些易燃易爆品，如甲乙酮（MEK）、汽油、丙酮、煤油、漆类涂料、三氯乙烷等。保管不妥易引起火灾或爆炸，造成人员伤亡事故。一些辅助材料也具有易燃易爆性，属于危险品范围。

通常用一些专有名词表示危险品的特性。例如：

（1）分解温度　指过氧化物置于容器内开始分解的最低温度。因此，贮存过氧化物的温度应低于其分解温度，最好是低温贮存。

（2）易燃范围　指气体或蒸汽与空气或氧气形成易燃混合物时，气体或蒸汽在空气或氧气中最低的浓度（下限）和最高的浓度（上限）。低于最低浓度或高于最高浓度都不会发生火焰传播。最低浓度和最高浓度之间称为易燃范围。

（3）燃点　液体表面上的蒸汽和空气混合物与明火接触而产生火焰并能连续燃烧不少于 5s 的温度。

15.2 使用危险品时的注意事项

（1）在作业场所，换气通风应良好，使挥发物浓度低于爆炸的下限值。

（2）搬运容器时，应使口盖向上，不能倒置，不能引起明显的摩擦或摇动。

（3）在开启盛有溶剂的装置时，应尽量减少溶剂蒸气逸出，动作要迅速。

（4）只能取出所需量的溶剂使用。

（5）作业结束时，剩余的危险品要转移到规定的地方保管。

（6）贮藏要避开日光照射，如无特殊湿度要求，应在通风良好的暗室存放。

15.3 安全技术及劳动保护

（1）减小工作场地有害物质的浓度，把有害物质的浓度限制在允许范围内。

（2）注意个人保护：操作人员应尽量减少与有毒物质的直接接触，操作时要戴手套、口罩。配料时要戴防护眼镜，有时还要戴防毒口罩。皮肤一旦被沾染，应立即清洗干净，并涂上凡士林软膏等。不要用丙酮、甲苯或苯乙烯等洗手。操作人员工作完毕要洗手，用压缩空气吹掉沾在衣服上的纤维粉尘。要经常洗澡和换洗工作服。

（3）复合材料成型模具现阶段多数为钢材制作，一般体积大，较重，操作人员在使用吊车、推车或人工搬运时应穿用抗压劳保鞋，并注意安全。

本章小结

安全卫生和劳动保护是复合材料作业中首先考虑的最重要的问题之一，必须高度重视并按规章制度执行。

思考题

1. 简述复合材料生产过程中的潜在危险。
2. 使用危险品时的注意事项是什么？
3. 从事复合材料作业要注意哪些个人保护？

参考文献

[1] F. C. 坎贝尔.先进复合材料的制造工艺[M].戴棣，朱月琴,译.上海：上海交通大学出版社，2016.

[2] 潘利剑.先进复合材料成型工艺图解[M].北京：化学工业出版社，2016.

[3] 陈祥宝.先进复合材料技术导论[M].北京：航空工业出版社，2017.

[4] 中国航空研究院.复合材料结构设计手册[M].北京：航空工业出版社，2011.

[5] 益小苏.先进复合材料技术研究与发展[M].北京：国防工业出版社，2006.

[6] 杜善义.先进复合材料与航空航天[J].复合材料学报，2007, 24(1): 12-12.

[7] 复合材料行业专题系列一：碳纤维[E].国海证券，2018-5-25.

[8] 军工复材产业链深度报告[E].华泰证券，2019-2-11.

[9] 乌尔夫・保罗・布罗依尔.商用飞机复合材料技术[M].程普强、贾欲明主译.北京：航空工业出版社，2019.

[10] 卢兴国.基于实例的复合材料热压罐成型工艺设计与仿真[D].哈尔滨：哈尔滨工业大学，2012.

[11] 陈祥宝，张宝艳，邢丽英.先进树脂基复合材料技术发展及应用现状[J].中国材料进展，2009, 28(6): 2-12.

[12] 邢丽英，包建文，礼嵩明.等.先进树脂基复合材料发展现状和面临的挑战[J].复合材料学报，2016，33(7): 1327-1338.

[13] 益小苏，张明，安学锋，等.先进航空树脂基复合材料研究与应用进展[J].工程塑料应用，2009, 37(10): 72-76.

[14] 罗益锋.主要特种纤维及其复合材料的研发现状及发展前景[J].高科技纤维与应用，2014, 39(04): 8-17.

[15] 刘亚威.复材制造技术的变革[J].大飞机，2014,(07): 106-107.

[16] 张华东.复合材料成型工艺的发展[J].世界有色金属，2018, (13): 269-270.

[17] 杨乃宾.新一代大型客机复合材料结构[J].航空学报，2008,(3): 596-604.

[18] 张杰.碳纤维改性及其复合材料性能研究[D].天津：天津工业大学，2016.

[19] 蔡闻峰，周惠群，于凤丽.树脂基碳纤维复合材料成型工艺现状及发展方向[J].航空制造技术，2008,(10): 46-49.

[20] 赵艳荣，胡平，梁继才，等.碳纤维复合材料在汽车工业中的应用[J].合成树脂及塑料，2015, 5(32): 95-98.

[21] 马金瑞，黄峰，赵龙，等.树脂传递模塑技术研究进展及在航空领域的应用[J].航空制造技术，2015, 483(14): 56-59.

[22] Chui W. K., Glimm J., Tangerman F. M.. Case study from industry: process modeling in resin transfer molding as a method to enhance product quality[J]. SIAM Review, 1997, 39(4):714-727.

[23] L. Gascón，J. A. García，Lebel F.. A two-phase flow model to simulate mold filling and saturation in resin transfer molding[J]. International Journal of Material Forming. 2016, 9(2):229-239.

[24] 李培旭，陈萍，苏佳智，等.复合材料先进液体成形技术的航空应用与最新发展[J].玻璃钢/复合材料，2016, (8): 90-104.

[25] 杨俊英.树脂传递模塑工艺过程的数值模拟[D].济南：山东大学，2007.

[26] 顾佳杰.碳纤维产业发展研究报告[J].上海化工，2019, 44(3):40-44.

[27] 张婷.高性能热塑性复合材料在大型客机结构件上的应用[J].航空制造技术，2013, (15): 32-35.

[28] 于天淼，高华兵，王宝铭，等.碳纤维增强热塑性复合材料成型工艺的研究进展[J].工程塑料应用，2018, 46(04): 139-144.

[29] 梅启林，冀运东，陈小成，等.复合材料液体模塑成型工艺与装备进展[J]. 玻璃钢/复合材料，

2014(09):52-62.

[30] 益小苏，李宏远.航空液态成型复合材料关键技术研究[J].新材料产业，2009，11: 6-15.

[31] 王跃飞 . 碳纤维增强复合材料 HP–RTM 成型工艺及孔隙控制研究[D]. 长沙：湖南大学，2017.

[32] 赵渠森，赵攀峰.真空辅助成型工艺(VARI)研究[J].纤维复合材料，2002, (01): 42-46.

[33] 蔡应强，陈清林，朱兆一，等.纤维复合材料的VARI工艺参数研究[J].塑料工业，2018，46(07): 53-57.

[34] 王兴刚，于洋，李树茂，等.先进热塑性树脂基复合材料在航天航空上的应用[J].纤维复合材料，2011，28(02): 44-47.

[35] 王世勋，张希，王婧超.先进热塑性复合材料的制备工艺研究[J].宇航材料工艺，2019，04: 28~33.

[36] 谢富原.先进复合材料制造技术[M].北京：航空工业出版社，2017.

[37] HB 5342—2012.复合材料航空制件工艺质量控制.